好吃好做

KAIWEI XIAFANCAI

开胃下饭菜

300例

编著◎范　海

中国人口出版社
China Population Publishing House
全国百佳出版单位

U0278331

图书在版编目（CIP）数据

好吃好做开胃下饭菜300例／范海编著.—北京：中国人口出版社，2012.9
（好吃好做系列）
ISBN 978—7—5101—1371—0

Ⅰ．①好… Ⅱ．①范… Ⅲ．①菜谱 Ⅳ．①TS972.12

中国版本图书馆CIP数据核字（2012）第214500号

好吃好做开胃下饭菜300例

范海 编著

出版发行	中国人口出版社
印　　刷	北京旺银永泰印刷有限公司
开　　本	720毫米X1000毫米 1/16
印　　张	6.5
字　　数	120千字
版　　次	2012年10月第1版
印　　次	2012年10月第1次印刷
书　　号	ISBN 978—7—5101—1371—0
定　　价	15.80元

社　　长	陶庆军
网　　址	www.rkcbs.com
电子邮箱	rkcbs@126.com
电　　话	(010) 83534662
传　　真	(010) 83519401
地　　址	北京市西城区广安门南街80号中加大厦
邮　　编	100054

目录

第1章　佐餐凉拌菜

第2章　酸甜开胃菜

第3章　咸香可口菜

第4章　香辣过瘾菜

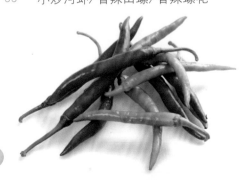

佐餐凉拌菜

凉拌土豆丝

用料 土豆、青椒、葱花、精盐、酱油、鸡精、醋、花椒、香油

做法 ①土豆去皮洗净，切丝，放入冷水中过凉，捞出沥水，放入沸水锅中煮至七成熟，投凉沥水；青椒洗净切丝。土豆丝、青椒丝放到大盆中，撒上葱花。②锅中倒入香油烧热，放入花椒炸香，趁热浇到盆中，加入精盐、鸡精、醋、酱油，拌匀即成。

> **·饮食一点通·**
> 健脾开胃。

蒜香土豆泥

用料 土豆、牛奶、蒜蓉、黄油、精盐、胡椒粉

做法 ①土豆洗净去皮，放入锅内，加入水和牛奶上火煮熟，把土豆制成泥状，加入精盐、胡椒粉拌匀，扣入盘内。②炒锅倒入黄油烧热，放入蒜蓉炒香，浇在土豆泥上即可。

> **·饮食一点通·**
> 营养全面，润泽肌肤。

凉拌莴苣干

用料 莴苣干、红椒、香油、生抽

做法 ①莴苣干用凉水浸泡30分钟，冲洗干净，捞出沥水；红椒洗净，切碎。②莴苣干、碎红椒、香油、生抽一同倒入碗中，拌匀即成。

油浸大白菜

用料 白菜、红椒、葱姜丝、蒸鱼豉油、精盐、酱油、鸡精、植物油

做法 ①白菜剥片，每片从中间切开，洗净；红椒洗净，切丝；蒸鱼豉油加酱油、鸡精、适量水调匀制成豉油汁。②锅内倒入适量水，放入精盐，大火烧开，放入白菜焯烫至八成熟，捞出，投凉沥水，摆盘中，在白菜上放上葱姜丝、红椒丝，倒入豉油汁，淋入热油，拌匀即成。

香油芹菠菜

用料 菠菜、芹菜、精盐、鸡精、香油

做法 ①菠菜洗净，切段；芹菜去根叶，留梗，洗净切段。②菠菜段、芹菜段均入沸水锅烫熟，捞出，投凉沥水，倒入大碗中，加精盐、鸡精、香油拌匀即成。

· 饮食一点通 ·
> 滋阴润燥，通便降压。

泡子姜

用料 嫩子姜、干辣椒、红辣椒、精盐、鸡精、花椒、辣椒油

做法 ①嫩子姜洗净，切片；红辣椒去蒂、去子，洗净，切段。②坛内倒入盐水，加精盐、干辣椒、花椒、嫩子姜、红辣椒泡制6小时，捞出嫩子姜，加辣椒油、鸡精，拌匀装盘即成。

·饮食一点通·
色泽自然，质地脆嫩，健脾开胃。

金针菇拌黄瓜

用料 黄瓜、金针菇、葱段、蒜蓉、精盐、鸡精、白糖、米醋、香油

做法 ①黄瓜洗净，去蒂切丝；金针菇去根洗净，放入沸水锅焯熟，捞出，投凉沥水。②金针菇、黄瓜丝同放入大碗中，加葱段、蒜蓉、白糖、米醋、精盐、鸡精、香油，拌匀装盘即成。

·饮食一点通·
清热消肿，利水降压。

生拌甘蓝

用料 圆白菜、紫甘蓝、炸花生米、黄瓜、彩椒、精盐、鸡精、酱油

做法 ①圆白菜、紫甘蓝均洗净，切块；炸花生米去皮压碎；黄瓜、彩椒均洗净，切片。②圆白菜、紫甘蓝、黄瓜、彩椒、碎花生同倒入大碗中，调入精盐、鸡精、酱油，拌匀装盘即成。

·饮食一点通·
预防贫血，减肥美容，防衰老，抗氧化，抗癌。

拌南瓜丝

用料 南瓜、大蒜、枸杞子、生抽、白糖、鸡精、辣椒油、香油

做法 ①南瓜去皮洗净，切丝，放入沸水锅焯烫片刻，捞出，投凉沥水；大蒜剁成蒜末；生抽、白糖、鸡精、辣椒油、香油、蒜末同入碗中调匀成味汁。②南瓜丝、青椒丝倒入大碗中，加入味汁拌匀装盘，点缀枸杞子即成。

> **·饮食一点通·**
> 南瓜能消除致癌物质亚硝酸盐的致突变作用，并能帮助肝、肾恢复功能。

凉拌苋菜

用料 野苋菜、姜末、精盐、生抽、醋、白糖

做法 ①野苋菜去除老叶，洗净，放入沸水锅焯至断生，捞出沥干。②精盐、生抽、醋、白糖、姜末同入碗中调匀成味汁。③野苋菜放入碗中，倒入味汁拌匀，装盘即成。

> **·主厨小窍门·**
> 富含矿物质，促进骨骼发育生长。

香葱豆腐

用料 豆腐、香葱、精盐、香油

做法 ①豆腐放入沸水锅中焯透，捞出凉凉，切丁；香葱洗净，切丁。②豆腐丁、香葱丁同倒入大碗中，调入精盐、香油，拌匀装盘即成。

> **·饮食一点通·**
> 营养丰富，易消化。

榨菜拌腐皮

用料 豆腐皮、榨菜、毛豆粒、姜末、酱油、白糖、鸡精、香油

做法 ①豆腐皮洗净，切丝，放入沸水锅焯烫片刻，捞出沥水，盛盘中。②毛豆粒洗净，放入锅中煮熟，放在豆腐皮丝盘中；榨菜切末，放在豆腐皮丝上。③酱油、白糖、鸡精、姜末、香油调匀，浇在榨菜豆腐皮上拌匀即成。

· 饮食一点通 ·

榨菜爽脆，腐衣爽口，补充维生素和矿物质。

香芹腐竹

用料 香芹、水发腐竹、精盐、香油

做法 ①水发腐竹放入沸水锅略焯片刻，捞出凉凉，切斜条，加精盐拌匀；香芹洗净，切丝，放入沸水锅略焯片刻后捞出。②香芹、腐竹同入大碗中，加精盐、香油拌匀即成。

· 饮食一点通 ·

爽脆可口，维生素含量丰富。

红油腰片

用料 猪腰、精盐、鸡精、辣椒油、葱花

做法 ①猪腰洗净，去除腰臊，片成薄片，入沸水中焯至熟，捞出，投入凉开水中过凉，控净水分。②精盐、鸡精、辣椒油调成味汁，倒入猪腰片，拌匀，装入盘内，撒上葱花即成。

· 饮食一点通 ·

补肾益精，利水消肿。

鸡腿菇拌猪肚

用料 猪肚、鲜鸡腿菇、蒜蓉、精盐、酱油、鸡精、白糖、辣椒油、香油

做法 ①猪肚治净，放入沸水锅煮熟，捞出凉凉，切丝；鸡腿菇洗净，切丝，放入沸水锅焯熟，捞出沥干；精盐、白糖、酱油、蒜蓉、鸡精、辣椒油、香油同放入碗中调成味汁。②猪肚丝、鸡腿菇丝、味汁同入碗中拌匀，装盘即成。

·饮食一点通·

鸡腿菇有调节体内糖代谢、降低血糖的作用，并能调节血脂。

酱牛肉

用料 牛腱子肉、丁香、花椒、八角茴香、陈皮、小茴香、桂皮、香叶、甘草、葱段、姜片、生抽、老抽、白糖、精盐、五香粉

做法 ①牛腱子肉洗净，切大块，放入沸水锅余去血水，捞出沥干；丁香、花椒、八角茴香、陈皮、桂皮、香叶、小茴香、甘草装入自制纱布料包中缝好。②沙锅中倒入适量水，加入香料袋、葱段、姜片、生抽、老抽、白糖、五香粉，大火煮开后放入牛肉，继续煮15分钟，加入精盐，转小火煮至肉熟，离火凉凉，食用前捞出，切薄片，装盘即成。

手撕牛肉

用料 熟卤牛肉、芝麻、葱段、香菜段、辣椒粉、精盐、鸡精、花椒油、植物油

做法 ①熟卤牛肉撕成长条，盛碗中；辣椒粉倒入小碗中，加入芝麻、精盐、花椒油，拌匀成芝麻辣椒油。②芝麻辣椒油、香菜段、葱段、精盐、鸡精放入牛肉条中拌匀即成。

蒜蓉麻酱百叶

用料 水发牛百叶、香菜段、蒜蓉、芝麻酱、精盐、陈醋、香油

做法 ①牛百叶洗净，切丝，放入沸水锅氽烫片刻，捞出沥水，倒入大碗中。②另取一碗，放入芝麻酱、陈醋、精盐、香油，加入少量温开水调匀，倒入盛牛百叶丝的大碗中，加入蒜蓉、香菜段，搅拌均匀，装盘即成。

· 饮食一点通 ·
牛百叶具有补虚、益脾胃的功效。

香菜羊肉

用料 熟羊肉、香菜、精盐、米醋、白胡椒粉、香油、辣椒油

做法 ①熟羊肉切片；香菜洗净，切段。②羊肉片、香菜段同倒入大碗中，调入精盐、米醋、白胡椒粉、香油、辣椒油，拌匀装盘即成。

· 饮食一点通 ·
香菜辛香升散，能促进胃肠蠕动，适用于消化不良、食欲缺乏等症。

翡翠鸡丝

用料 鸡胸脯肉、豌豆苗、精盐、鸡精、香油

做法 ①鸡胸脯肉洗净切丝，放入沸水锅焯熟，投凉沥水；豌豆苗去根洗净，放入沸水锅焯烫片刻，投凉沥水。②鸡胸脯肉丝、豌豆苗同倒入大碗中，调入精盐、鸡精、香油，拌匀即成。

· 饮食一点通 ·
健脾养胃，消炎止痛。

卤水鸭胗

用料 鸭胗、卤水

做法 ①鸭胗去筋膜洗净，放入沸水锅汆烫片刻，捞出，控净水分。②锅中倒入卤水，放入鸭胗，大火烧沸，小火煮至熟，浸泡2小时，稍凉后装盘即成。

· 美味面面观 ·

　　鸭胗富含蛋白质、B族维生素、维生素C和钙、铁等微量元素，对人的神经、心脏、消化和视觉都有良好的作用，并能促进人体新陈代谢。

银芽鸭肠

用料 鸭肠、绿豆芽、油酥黄豆、干辣椒丝、葱末、姜汁、蒜泥、精盐、酱油、鸡精、白糖、红油、花椒粉、香油

做法 ①鸭肠治净，放入沸水锅汆烫2分钟，捞出沥水，切段；绿豆芽去杂，洗净，放入沸水锅焯烫片刻，捞出沥水，垫在盘底，上面放上鸭肠。②红油、姜汁、蒜泥、酱油、花椒粉、白糖、鸡精、香油、精盐同入碗中调匀，淋在鸭肠上，撒上葱末、油酥黄豆、干辣椒丝即成。

小白菜拌蛤蜊

用料 花蛤蜊、小白菜、精盐、生抽、香油

做法 ①花蛤蜊吐净泥沙，洗净，入锅煮熟，取肉；小白菜洗净，切段。②花蛤蜊肉放碗中，调入生抽、香油、精盐，拌匀腌渍5分钟，加入小白菜拌匀即成。

· 饮食一点通 ·

　　滋阴明目，降低胆固醇。

第2章

酸甜开胃菜

甜甜美美

用料 芋头、苦苣、枸杞子、白糖、橙汁、蜂蜜

做法 ①芋头去皮洗净，入锅蒸熟，捣成泥，凉透；苦苣洗净，撕开。②芋头泥放入碗中，加入白糖、蜂蜜、枸杞子调匀，扣在盘中，浇入橙汁，入冰箱冰镇15分钟，取出装饰苦苣即成。

甜蜜黄瓜

用料 嫩黄瓜、山楂、蜂蜜、白糖

做法 ①嫩黄瓜洗净，去皮、去瓤，切条，放入沸水锅焯透，捞出；山楂洗净，用纱布包好，加清水，中火熬煮，滤汁。②净锅上火，倒入山楂汁，加入白糖，小火熬至糖溶化后，再加入蜂蜜收汁，倒入黄瓜条拌匀，出锅装盘即成。

· 饮食一点通 ·

　　清热解毒，利咽生津，化瘀减肥。

糖醋莴笋

用料 莴笋、精盐、白糖、米醋

做法 ①莴笋去皮洗净，切条，加入精盐拌匀腌渍60分钟，沥干水分，倒入大碗中。②锅中加少许水烧开，放入白糖化开，烧至糖汁稍浓，倒入米醋熬成糖醋汁，离火凉凉，倒入莴笋条碗中，拌匀即成。

·饮食一点通·
消除紧张，帮助睡眠。

开胃腌萝卜

用料 白萝卜、胡萝卜、精盐、白醋、干辣椒圈、白糖

做法 ①萝卜切丁，加精盐腌30分钟。②腌好的白萝卜、胡萝卜均倒去水分，倒入白醋、白糖、干辣椒圈，拌匀后放进冰箱冷藏3小时即可。

·饮食一点通·
胡萝卜含有植物纤维，吸水性强，在肠道中体积容易膨胀，是肠道中的"充盈物质"，可加强肠道的蠕动，从而利膈宽肠，通便防癌。

糯米藕片

用料 莲藕、糯米、白糖、饴糖

做法 ①莲藕去皮洗净，在顶端切下一小段做盖。②糯米淘洗干净，浸泡60分钟，捞出塞入莲藕孔中，盖上盖，用牙签刺穿固牢，放入锅中，加适量清水，放入白糖、饴糖，大火烧沸，转小火慢煮至藕熟，捞出切片，装盘，淋上煮藕的糖汁即成。

·饮食一点通·
益胃健脾，养血补虚。

柠檬藕片

用料 鲜藕、浓缩柠檬汁、白糖、精盐

做法 ①鲜藕刮净外皮，洗净切片。②将藕片放入用浓缩柠檬汁、白糖、精盐、冷开水调成的柠檬汁中浸泡10分钟，取出装盘即可。

·饮食一点通·

　促进消化，开胃消食，美白肌肤。

橘味海带丝

用料 橘皮、干海带、香菜、白糖、酱油、米醋、香油

做法 ①海带泡发洗净，沥干，切丝，装入盘中，加入酱油、白糖、香油拌匀；香菜洗净，切段。②橘皮放入沸水锅焯烫片刻，捞出洗净，切丝，加米醋拌匀，倒入海带丝盘中，撒上香菜段，拌匀即成。

·饮食一点通·

　健脾开胃，理气化痰。

糖醋花香藕

用料 花香藕（荷花盛开时摘下的藕）、葱花、熟豌豆、精盐、白糖、香醋、香油、植物油

做法 ①莲藕去节削皮，切片，洗净。②锅置火上，倒油烧热，放入葱花煸香，加入藕片翻炒片刻，加入精盐、白糖、香醋，翻炒至藕片熟，淋上香油，撒上熟豌豆即成。

·饮食一点通·

　消食，去脂，降压。

圣女果炒菜心

用料 菜心、圣女果、蘑菇、精盐、鸡精、白糖、植物油

做法 ①蘑菇去蒂洗净；菜心洗净，入沸水锅稍烫，捞出沥水；圣女果洗净，对半切开。②炒锅点火，倒油烧热，放入蘑菇、圣女果翻炒，再加入菜心和所有调味料炒熟即可。

· 饮食一点通 ·

补充维生素C，健脾开胃。

番茄炒山药

用料 山药、番茄、葱花、香菜末、番茄酱、精盐、鸡精、白糖、香油、植物油

做法 ①山药去皮洗净，切片，放入沸水锅焯烫片刻，捞出沥水；番茄洗净去皮，切片。②锅置火上，倒油烧热，放入葱花炝香，加入番茄煸炒片刻，放入山药，调入精盐、鸡精、白糖、番茄酱，翻炒均匀，撒入香菜末，淋入香油即成。

· 饮食一点通 ·

滋肾益精，健脾消食。

番茄荸荠

用料 去皮荸荠、番茄酱、面粉、精盐、酱油、鸡精、白糖、米醋、料酒、水淀粉、植物油

做法 ①面粉、水淀粉、精盐、鸡精、少许水同放入碗中调匀成糊。②锅置火上，倒油烧至五成热，放入裹匀面糊的荸荠，炸成金黄色，捞出沥油。③锅留底油烧热，倒入番茄酱煸炒片刻，烹入料酒，加入白糖、酱油、精盐、鸡精、米醋，用水淀粉勾芡，放入荸荠翻炒至荸荠裹匀味汁，起锅装盘即成。

· 饮食一点通 ·

健胃消食，生津止渴。

番茄双花

用料 菜花、西蓝花、番茄、番茄酱、葱花、精盐、白糖、植物油

做法 ①菜花、西蓝花均洗净，切成小朵，放入沸水锅焯烫片刻，捞出，投凉沥水；番茄洗净，切丁。②锅置火上，倒油烧至六成热，放入葱花爆香，倒入番茄酱翻炒片刻，加入少许水，大火烧沸，放入菜花、西蓝花、番茄，调入精盐、白糖炒匀，待汤汁收稠后装盘即成。

· 饮食一点通 ·
　清热利湿，补肾填精，和胃补虚。

番茄炒香菇

用料 鲜香菇、番茄、葱段、蒜片、精盐、鸡精、白糖、水淀粉、香油、植物油

做法 ①番茄洗净，放入沸水锅烫片刻，捞出去皮，切片；鲜香菇去蒂洗净，切片。②锅置火上，倒油烧至六成热，放入蒜片炒香，加入香菇片翻炒片刻，加适量水煮至香菇软熟，放入番茄片，加入精盐、白糖、鸡精、葱段炒匀，用水淀粉勾芡，淋入香油，起锅装盘即成。

· 饮食一点通 ·
　补肝肾，健胃消食。

番茄草菇

用料 番茄、草菇、油菜叶、酱油、鸡精、白糖、料酒、鲜汤、香油、植物油

做法 ①油菜叶洗净，放入沸水锅焯烫片刻，捞出沥水，抹匀香油，摆在盘中垫底；草菇洗净，纵切成条，放入沸水锅焯烫片刻，捞出沥水。②番茄洗净，去皮，去蒂，挖出内瓤不用，开口朝上，放在油菜叶上。③锅置火上，倒油烧热，放入草菇，调入料酒、酱油、白糖、鲜汤、鸡精煸炒至入味，盛出装入番茄内即成。

番茄烧豆腐

用料 豆腐、番茄、香菇、葱花、姜末、精盐、鸡精、白糖、水淀粉、高汤、植物油

做法 ①豆腐洗净,切块,放入沸水锅焯烫片刻,捞出沥水;香菇用温水泡发,洗净切片;番茄洗净,去皮切片。②锅中倒油烧热,放入葱花、姜末炒香,放入香菇翻炒片刻,加入番茄、白糖、精盐、高汤烧开,放入豆腐块焖烧至汤汁将干,用水淀粉勾芡,调入鸡精,起锅装盘即成。

· 饮食一点通 ·

降血压,防止动脉硬化。

糖醋葫芦腰果

用料 嫩葫芦、腰果、葱姜蒜蓉、白糖、白醋、植物油、精盐、鸡精、水淀粉

做法 ①嫩葫芦洗净,去皮,切丁,加入精盐略腌;精盐、鸡精、白糖、白醋、水淀粉调匀成味汁。②净锅上火,倒油烧至五成热,放入腰果慢炸至酥脆,捞起凉凉。③另锅倒油烧至六成热,放入葱姜蒜蓉、葫芦丁炒至断生,烹入味汁翻炒片刻,放入酥腰果推匀,起锅盛盘即成。

· 饮食一点通 ·

利水祛湿,清热解毒。

糖醋藕排

用料 莲藕、番茄、青椒、精盐、白糖、白醋、番茄酱、面粉、酵母、淀粉、植物油

做法 ①莲藕去皮,洗净,切成条,撒上淀粉拌匀;番茄洗净,去皮,去瓤,切条;青椒洗净,去蒂,去子,切条;将面粉、淀粉、精盐、植物油、酵母同入碗中调匀成脆糊。②锅置火上,倒油烧热,将莲藕条裹匀脆糊后放入油锅,炸至表层变脆,捞出沥油。③锅留底油烧热,倒入番茄酱炒匀,加入白醋、白糖和适量水翻炒片刻,放入青椒条、番茄炒匀,放入莲藕条,快速炒匀出锅即成。

虎皮核桃仁

用料 核桃仁、白糖、香油、熟芝麻

做法 ①核桃仁放入沸水锅焯烫片刻，用竹扦挑去内衣皮，冲洗干净。②锅置火上，加入适量水，放入白糖烧化，放入核桃仁，小火煨至糖汁浓稠并包在核桃仁上，离火放凉。③锅置火上，倒香油烧至四成热，倒入核桃仁，小火炸至金黄色，撒上熟芝麻，放凉即可。

·饮食一点通·

润泽肌肤，美容美发。

拔丝葡萄

用料 葡萄、鸡蛋清、面粉、淀粉、白糖、香油

做法 ①将葡萄洗净，投入开水中略烫取出，剥皮去子，拍上面粉；鸡蛋清中加入适量淀粉搅拌均匀，制成蛋白糊。②锅置火上，倒香油烧热，将葡萄挂匀蛋白糊，入油锅炸至浅黄色，捞出沥油。③净锅上火，加入适量水、白糖，炒至糖变色，能拉出丝时，放入葡萄挂匀糖浆，盛盘即成。

百合炖南瓜

用料 南瓜、百合瓣、精盐

做法 ①南瓜去皮洗净，切块；百合掰瓣，洗净。②南瓜块、百合瓣同入锅中，加适量水，放入精盐，大火浇沸，转小火炖至南瓜软烂即成。

咕噜肉

用料 猪五花肉、菠萝、洋葱、彩椒、鸡蛋清、番茄酱、精盐、淀粉、白糖、植物油

做法 ①猪五花肉洗净切块，加入精盐、鸡蛋清、淀粉抓匀上浆；菠萝、洋葱、彩椒均洗净切块。②净锅上火，倒油烧热，放入五花肉炒至八成熟，捞起控油。③锅留底油烧热，放入洋葱炝香，加入番茄酱、精盐、白糖炒匀，放入猪肉、菠萝、彩椒，小火炒至熟，起锅装盘即成。

糖醋里脊

用料 猪里脊肉、番茄酱、精盐、醋、白糖、料酒、水淀粉、植物油

做法 ①猪里脊肉洗净，切条，加入精盐、料酒、水淀粉拌匀腌渍10分钟；白糖、醋、精盐、水淀粉调匀成味汁。②锅置火上，倒油烧热，放入猪肉条炸至发白，捞出沥油。③锅留底油烧热，放入番茄酱翻炒片刻，加入味汁炒至汤汁浓稠红亮，放入猪肉条快速翻炒至肉条均匀地包裹上汤汁即成。

糖醋排骨

用料 猪肋排、青豆、蒜蓉、番茄酱、精盐、鸡精、白糖、米醋、水淀粉、植物油

做法 ①猪肋排洗净，剁成块，入锅煮熟，捞出，裹匀水淀粉。②净锅上火，倒油烧热，放入排骨炸至金黄色，捞起控油。③锅留底油烧热，放入蒜蓉炝香，烹入番茄酱，调入白糖、鸡精、米醋烧沸，加入猪肋排，撒入青豆，用水淀粉勾芡，炒匀即成。

› 饮食一点通 ‹

健脑益智，延缓衰老。

酸甜腰花

用料 猪腰、青椒、红椒、葱姜末、精盐、料酒、酱油、鸡精、醋、白糖、水淀粉、植物油

做法 ①猪腰治净，剞十字花刀，裹上水淀粉；青椒、红椒洗净，切片；酱油、料酒、醋、白糖、鸡精、精盐、葱姜末加少许水淀粉兑成味汁。②锅内倒油烧热，放猪腰，小火炸2分钟，捞出控油。③净锅点火，倒油烧热，倒入兑好的味汁，烧至汁稠，倒入腰花、青椒片、红椒片，翻炒均匀即成。

· 饮食一点通 ·

色泽红亮，酸甜味美，增进食欲。

柠汁煎牛扒

用料 鲜牛肉、鸡蛋、柠檬汁、精盐、白醋、白糖、嫩肉粉、淀粉、植物油

做法 ①将鲜牛肉切大薄片，装入碗中，加入鸡蛋，加入嫩肉粉、淀粉、清水及植物油抓匀，静置20分钟。②锅内倒油烧热，离火，将牛肉逐片摆放入锅中，煎至两面变黄，倒入用白醋、白糖、精盐、柠檬汁兑成的味汁，改中火收至汤汁将干即成。

· 饮食一点通 ·

健脾开胃，益气补肾，强身壮体。

乡村小炒

用料 酱牛肉、圣女果、西芹、番茄酱、精盐、鸡精、葱段、白糖、植物油

做法 ①酱牛肉切丁；圣女果洗净，西芹洗净，均切丁。②净锅上火，倒油烧热，放葱段炝香，放入西芹、圣女果稍炒，加入酱牛肉丁，调入精盐、鸡精、番茄酱、白糖，翻炒至熟，起锅装盘即成。

· 饮食一点通 ·

补中益气，清热生津，养阴凉血。

牛肉炖番茄

（用料）牛肉、番茄、葱姜蒜末、香菜段、花椒、八角茴香、桂皮、精盐、酱油、鸡精、料酒、啤酒、植物油

（做法）①牛肉洗净，切块，放入沸水锅余烫片刻，捞出沥水；番茄去皮，洗净，切块。②锅置火上，倒油烧热，放入花椒、八角茴香、桂皮、葱姜蒜末爆香，加入牛肉煸炒至变色，放入料酒、酱油、适量水、少许啤酒，大火烧开煮15分钟，转小火煮1小时，放入番茄炖煮至番茄几乎融入汤中，放入鸡精、精盐调味，大火收浓汤汁，放入香菜段即成。

糖醋鸡肉片

（用料）鸡胸脯肉、鸡蛋、蒜蓉、精盐、鸡精、水淀粉、酱油、白糖、白醋、植物油

（做法）①鸡胸脯肉洗净切片，调入精盐、鸡精，加入鸡蛋，加入水淀粉，抓匀挂糊。②净锅上火，倒油烧热，放入鸡肉片炸熟，捞起控油。③锅留底油烧热，放入蒜蓉炝香，烹入酱油、白醋、白糖，炒至浓稠，加入鸡肉片炒匀，起锅装盘即成。

> ·饮食一点通·
> 温中益气，补精填髓，提高记忆力。

香甜凤片

（用料）鸡胸脯肉、香蕉、甜梨、植物油、精盐、鸡精、橙汁、白糖、鸡蛋清、淀粉、香油

（做法）①鸡胸脯肉洗净切片，加入精盐，加入鸡蛋清、淀粉，抓匀上浆；香蕉、甜梨去皮切片。②净锅上火，倒油烧热，放入鸡肉片滑散，捞起控油，再放入香蕉片炸干。③锅留底油，放甜梨，烹橙汁，放入鸡肉片、香蕉，调入精盐、白糖、鸡精，翻炒均匀，淋入香油，装盘即成。

> ·饮食一点通·
> 益气安神，缓解心理压力。

菠萝鸡片

用料 鸡胸脯肉、菠萝、黄瓜、红甜椒、精盐、鸡精、白糖、水淀粉、植物油

做法 ①鸡胸脯肉洗净，切片，加入水淀粉搅拌；菠萝去皮，切片；黄瓜、红甜椒均洗净切片。②锅中倒油烧热，加入鸡肉片炒至八成熟，加入黄瓜片、红甜椒片、菠萝片、精盐、鸡精、白糖，炒熟即成。

茄汁鲢鱼

用料 鲢鱼中段、番茄酱、米醋、白糖、水淀粉、精盐、植物油、干面粉

做法 ①洗净，两面剞"井"字花刀，用精盐腌渍20分钟，拍上干面粉。②净锅倒油，烧至八成热，将鱼放锅内炸至呈金黄色，捞出入盘。③番茄酱、米醋、白糖放锅内炒匀，加入水淀粉勾芡，浇在炸好的鱼上即成。

番茄虾仁

用料 虾仁、鸡蛋清、黄瓜、番茄酱、精盐、料酒、白糖、水淀粉、鸡精、植物油

做法 ①虾仁洗净，加入鸡蛋清、精盐拌匀；黄瓜洗净去皮，切片，摆入盘底。②锅中倒油烧热，放入虾仁炒熟，加入料酒、番茄酱、白糖、精盐、鸡精、少许水烧开，用水淀粉勾芡，翻炒片刻即成。

·饮食一点通·

补肾壮阳，健脾祛湿，美肤瘦身。

菠萝虾仁

用料 虾仁、菠萝、鸡蛋、面粉、植物油、精盐、鸡精、酱油、料酒

做法 ①虾仁去除虾线，洗净，加精盐、料酒、鸡蛋液腌渍10分钟，在面粉里滚匀。②锅中倒油烧至六成热，放入虾仁炸至呈金黄色，捞起沥油。③锅留底油烧热，放入菠萝煸炒片刻，加精盐、酱油调味，放入炸好的虾仁再翻炒几下，加入鸡精，起锅即成。

·饮食一点通·

补肾壮阳，健胃消食，瘦身美容。

琥珀蜜豆炒贝参

用料 北极贝、水发海参、核桃仁、豆角、熟芝麻、精盐、鸡精、白糖、植物油

做法 ①北极贝洗净沥干；水发海参洗净，切条；豆角洗净，切段，放入沸水锅焯烫后捞出。②炒锅点火，倒入白糖炒化，放入核桃仁炒至上糖色时捞出，蘸上熟芝麻。③另锅倒油烧热，倒入豆角煸炒，加入海参、北极贝翻炒均匀，调入精盐、鸡精，撒上核桃仁炒匀即可。

茄汁墨鱼花

用料 墨鱼、瘦猪肉、番茄酱、料酒、精盐、白糖、葱段、水淀粉、植物油、鸡精、肉汤

做法 ①将墨鱼去板取肉，撕去外皮，洗净，刻花刀，切块；瘦猪肉切大片；将墨鱼花入沸水中焯片刻捞出。②锅置火上，倒油烧热，放葱段煸香，放猪肉片略炒出油，烹入料酒，加入番茄酱、肉汤炒匀，放入墨鱼花，加精盐、鸡精、白糖，再用水淀粉勾芡，出锅装盘即成。

·饮食一点通·

补铁补钙，养血强身。

第 3 章

咸香可口菜

卷心菜炒粉

用料 卷心菜、粉丝、干辣椒、鸡蛋、精盐、醋、花椒油、生抽、姜丝、植物油

做法 ①卷心菜洗净，切丝；粉丝用热水泡软，切段；干辣椒洗净，切丝；鸡蛋磕入碗中打散。②锅置火上，倒油烧热，放入鸡蛋炒成蛋块，盛出。③另锅倒油烧热，放入姜丝、干辣椒丝炒香，加入卷心菜丝翻炒片刻，烹入少许醋，加入粉丝炒匀，调入生抽、精盐，倒入蛋块翻炒均匀，淋入花椒油，起锅装盘即成。

翡翠玉卷

用料 卷心菜、金针菇、胡萝卜、竹笋、精盐、鸡精、水淀粉、植物油

做法 ①卷心菜整片洗净，放入沸水锅焯烫片刻，捞出沥水；胡萝卜洗净，切丝；竹笋洗净，切丝；金针菇洗净；精盐、鸡精、生抽、水淀粉调匀成芡汁。②锅中倒油烧热，放入笋丝煸炒片刻，加入金针菇、胡萝卜丝炒匀，调入精盐、鸡精炒匀，熄火成馅料。③取卷心菜叶包住馅料，摆盘中，入蒸锅蒸熟，取出，倒入煮沸的芡汁即成。

醋熘莲花白

用料 卷心菜、干辣椒、花椒、精盐、鸡精、醋、白糖、香油、植物油

做法 ①卷心菜洗净，切块；干辣椒洗净，去子，切段。②锅置火上，倒油烧热，放入干辣椒段炒至呈棕红色，放入花椒、卷心菜煸炒片刻，加入精盐、鸡精、白糖、醋翻炒均匀，淋上香油，出锅装盘即成。

玉米笋炒山药

用料 山药、胡萝卜、秋葵、玉米笋、大枣、精盐、鸡精、植物油

做法 ①山药、胡萝卜均削皮洗净，切片；秋葵、玉米笋分别洗净，切斜段；上述原料入沸水锅焯熟，捞起沥水；大枣洗净，去核，入沸水锅煮15分钟，捞出沥干。②炒锅倒油烧热，放入秋葵、玉米笋、胡萝卜片翻炒片刻，加入山药片、大枣，调入精盐、鸡精，翻炒均匀即可。

·饮食一点通·

润肠，通便，排毒。

脆炒南瓜丝

用料 嫩南瓜、红椒、精盐、鸡精、植物油

做法 ①嫩南瓜洗净，切丝；红椒洗净，去蒂、去子，切丝。②炒锅点火，倒油烧热，放入红椒丝爆香，再放入南瓜丝炒至断生，加鸡精、精盐炒匀，起锅装盘即成。

·饮食一点通·

补中益气，减肥美容。

米粉蒸南瓜

用料 嫩南瓜、干细米粉、腐乳、葱姜末、精盐、鸡精、白糖、料酒、胡椒粉、植物油

做法 ①嫩南瓜去皮、去瓤，洗净，切块；干细米粉用热水泡透；料酒、腐乳同放入碗中，将腐乳碾成蓉，拌匀成酱汁。②南瓜、米粉、葱姜末、腐乳酱汁、白糖、精盐、鸡精、胡椒粉、植物油同放入碗中，入蒸锅大火蒸熟，翻扣在盘中即成。

紫衣薯饼

用料 紫菜、土豆、熟白芝麻、精盐、蚝油、植物油

做法 ①土豆去皮洗净，入锅煮熟，捣成土豆泥，加精盐拌匀；紫菜剪成小片，将土豆泥用匙铺在紫菜片上，再在上面铺一片紫菜，制成薯饼。②平底锅倒油烧热，放入薯饼，两面煎至呈金黄色，捞出沥油，装盘。③另锅倒油烧至五成热，倒入蚝油炒至浓稠，淋在薯饼上，撒上熟白芝麻即成。

嫩豌豆炒丝瓜

用料 嫩豌豆、丝瓜、青椒、红椒、蒜片、葱段、精盐、高汤、植物油

做法 ①丝瓜削皮洗净，斜切成块；青椒、红椒均洗净，切圈；嫩豌豆洗净，入沸水锅焯烫后捞出。②炒锅倒油烧至五成热，放入葱段、蒜片、青椒、红椒炒香，再放入嫩豌豆、丝瓜炒匀，倒入适量高汤，烧至汤汁将干，加精盐调味即可。

苦瓜霉干菜

用料 苦瓜、霉干菜、精盐、白糖、水淀粉、植物油

做法 ①霉干菜用温水泡软，洗净切碎；苦瓜洗净，剖开去子，切小块，入热油锅余油后捞出。②净锅上火，倒油烧热，放入霉干菜煸炒几下，再放入苦瓜，调入精盐、白糖，加入适量水烧开，改小火烧入味，汤汁快收干时用水淀粉勾芡，炒匀即成。

• 饮食一点通 •

清暑涤热，解毒减肥。

素炒菜花

用料 菜花、红椒、酱油、白糖、精盐、鸡精、香油、水淀粉、植物油

做法 ①菜花洗净，切块，入沸水锅焯烫2分钟，捞出沥水；红椒洗净，切丁。②锅中倒油烧热，放入红椒、菜花略炒，加少量水烧沸，调入精盐、酱油、白糖、鸡精，用水淀粉勾芡，淋入香油即可。

• 饮食一点通 •

健脾开胃，降血脂。

苦瓜炒青椒

用料 苦瓜、青椒、精盐、鸡精、料酒

做法 ①苦瓜洗净，一剖两半，去瓤，切丝，放入沸水锅焯烫片刻，捞出沥水；青椒去蒂，去子，洗净切丝。②锅置火上，倒油烧热，放入苦瓜、青椒煸炒片刻，烹入料酒，放入精盐、鸡精调味，炒匀即可。

• 饮食一点通 •

温中散寒，开胃消食。

丝瓜炒鸡蛋

用料 丝瓜、鸡蛋、朝天椒、葱花、精盐、料酒、植物油

做法 ①丝瓜去皮洗净，切片；鸡蛋磕入碗中打散，加入精盐、料酒搅拌均匀；朝天椒洗净，去蒂，切碎。②锅置火上，倒油烧热，倒入鸡蛋液炒熟，盛出。③原锅倒油烧热，放入丝瓜炒熟，加入朝天椒末、鸡蛋翻炒片刻，加精盐调味，撒上葱花即成。

青椒鸡蛋

用料 青椒、鸡蛋、葱花、精盐、植物油

做法 ①青椒洗净，去蒂、去子，切块。②鸡蛋打入碗中，搅散，倒入热油锅中炒熟，盛出备用。③原锅倒油烧热，放入葱花炒出香味，放入青椒块炒熟，倒入炒好的鸡蛋，调入精盐，炒匀即成。

·饮食一点通·

降糖降脂，益气和中。

清炒芥蓝

用料 芥蓝、葱花、姜片、精盐、鸡精、植物油

做法 ①芥蓝去叶，洗净切段。②锅置火上，倒油烧热，放入葱花、姜片炒出香味，放入芥蓝，翻炒至熟，加入精盐、鸡精调味，出锅装盘即成。

·饮食一点通·

清热除烦，清心明目。

冬瓜炒双豆

用料 冬瓜、青豆、黄豆、胡萝卜、精盐、鸡精、酱油、植物油

做法 ①冬瓜去皮，洗净，切丁；青豆、黄豆分别洗净；胡萝卜洗净，切丁；将所有用料入沸水锅焯烫片刻，捞出沥水。②炒锅倒油烧热，加入冬瓜、青豆、黄豆、胡萝卜和所有调味料一起炒匀即可。

·饮食一点通·
清热，利尿，降血压。

口蘑烧冬瓜

用料 冬瓜、口蘑、精盐、鸡精、料酒、水淀粉、清汤、植物油

做法 ①冬瓜洗净，去皮、去瓤，放入沸水锅焯烫片刻，凉凉后切块；口蘑洗净，切块。②锅置火上，倒油烧热，放入清汤、口蘑、冬瓜块、料酒、精盐、鸡精，大火烧沸，转小火烧至入味，用水淀粉勾芡，出锅装盘即成。

·饮食一点通·
冬瓜有抗衰老的作用，久食可保持皮肤光滑。

吉祥玉环冬瓜

用料 冬瓜、咸蛋黄、花菇、菜花、精盐、鸡精、胡椒粉、水淀粉、鸡汤、香油、植物油

做法 ①冬瓜去皮，去子，洗净，切成玉环形，中间放入咸蛋黄，放入六成热油锅中过油片刻，捞出沥油；菜花洗净，掰成小朵，放入沸水锅焯烫片刻，捞出沥水；花菇泡发，洗净。②玉环冬瓜放盘中，加入鸡汤，上笼蒸熟，取出，旁边摆上菜花、花菇。③锅中倒入少许鸡汤烧沸，调入精盐、鸡精、胡椒粉推匀，用水淀粉勾芡，淋入香油，浇在盘上即成。

炸香椿

用料 嫩香椿芽、鸡蛋、面粉、淀粉、精盐、植物油

做法 ①嫩香椿芽洗净，放入碗中，加精盐拌匀腌渍15分钟，取出沥水；鸡蛋磕入碗内，加入适量水、淀粉、面粉、精盐，搅匀成蛋糊。②锅置火上，倒油烧至六成热，将香椿芽挂匀蛋糊，入锅炸至呈金黄色，捞出沥油，盛盘即可。

• 饮食一点通 •
健脾开胃，增加食欲。

香菇蕨菜

用料 蕨菜、香菇、胡萝卜、青椒、葱姜丝、精盐、鸡精、酱油、料酒、植物油

做法 ①蕨菜洗净，放入沸水锅焯熟，投凉沥水，切段；香菇洗净，切丝，放入沸水锅焯烫片刻，捞出沥水；胡萝卜、青椒均洗净切丁。②锅置火上，倒油烧热，放入葱姜丝煸香，加入香菇丝、蕨菜段、胡萝卜丁、青椒丁翻炒片刻，加入精盐、鸡精、酱油、料酒调味即成。

• 饮食一点通 •
清热解毒，杀菌消炎。

丝瓜草菇

用料 丝瓜、草菇、姜汁、精盐、鸡精、料酒、水淀粉、香油、植物油

做法 ①草菇洗净；丝瓜去皮洗净，切片。②锅置火上，倒油烧热，倒入姜汁，放入丝瓜片、草菇、料酒、精盐、鸡精，翻炒至草菇、丝瓜入味，用水淀粉勾芡，淋入香油，调匀即成。

• 饮食一点通 •
益气血，通经络。

茶树菇炒小瓜

用料 云南小瓜、茶树菇、精盐、鸡精、酱油、干辣椒、香油、植物油

做法 ①云南小瓜洗净，切条；茶树菇洗净，切段；干辣椒洗净，切丝。②锅置火上，倒油烧热，放入干辣椒丝炒香，放入云南小瓜条、茶树菇煸炒至熟，加精盐、鸡精、香油、酱油调味，盛盘即可。

· 饮食一点通 ·

促进肠道蠕动，助消化。

芦笋鲜百合

用料 芦笋、百合、南瓜、红尖椒、姜丝、精盐、鸡精、白糖、植物油

做法 ①芦笋洗净，切段；南瓜去皮、去瓤，洗净，切片；百合洗净，掰瓣；红尖椒洗净，切条。②芦笋、百合均入沸水锅焯烫片刻，捞出，投凉沥水。③锅置火上，倒油烧热，放入姜丝爆香，放入南瓜翻炒片刻，加少许水煮至南瓜八成熟，放入芦笋、百合、红尖椒翻炒片刻，加入精盐、白糖、鸡精调味，出锅即成。

清炒黄豆芽

用料 黄豆芽、香菜、姜末、精盐、鸡精、植物油

做法 ①黄豆芽去杂洗净，放入沸水锅焯烫片刻，捞出，投凉沥水；香菜洗净，切段。②锅置火上，倒油烧热，放入姜末爆香，倒入黄豆芽，快速翻炒片刻，淋少许水，加精盐、鸡精调味，炒至水分收干，出锅装盘，撒上香菜段即成。

酱爆茄子

用料 茄子、黄瓜、番茄、葱花、酱油、鸡精、植物油、甜面酱

做法 ①茄子洗净去蒂，切成条；黄瓜洗净，切成半圆片，摆放在圆盘内形成一个圆；番茄洗净，切成半圆片，摆放在黄瓜片的外围。②锅置火上，倒油烧热，放入葱花、甜面酱爆香，加入茄子、酱油炒熟，调入鸡精拌炒均匀，起锅，装盘即成。

> **·饮食一点通·**
>
> 清热解毒，利水消肿。

腰果玉米

用料 玉米粒、腰果、黄瓜、胡萝卜、姜末、精盐、鸡精、植物油

做法 ①玉米粒洗净，入锅煮熟，捞出沥水；黄瓜、胡萝卜均洗净，切丁；腰果入热油锅略炸至变色，捞出沥油。②锅置火上，倒油烧热，放入姜末爆香，倒入胡萝卜丁炒至八成熟，放入玉米粒、腰果、黄瓜丁翻炒片刻，加入精盐、鸡精调味即成。

蚕豆玉米笋

用料 玉米笋、蚕豆、胡萝卜、葱姜末、精盐、白糖、鸡精、植物油

做法 ①胡萝卜洗净，切条；玉米笋、蚕豆均洗净。②锅置火上，倒油烧热，放入葱姜末爆香，放入玉米笋、蚕豆、胡萝卜炒匀，倒入适量水焖5分钟，加入精盐、鸡精、白糖调味，烧至汤汁略收干，出锅即成。

椒盐芋头丸

用料 芋头、虾米、葱花、精盐、鸡精、胡椒粉、花椒粉、淀粉、香油、植物油

做法 ①虾米泡发，切末；芋头去皮洗净，放入蒸笼蒸熟，取出凉凉，压成泥，加入虾米末、葱花、精盐、鸡精、胡椒粉、淀粉拌匀，挤成丸子。②锅置火上，倒油烧热，放入芋头丸子炸至焦酥呈金黄色，捞出沥油，加入花椒粉、香油，装盘即成。

菜椒笋尖

用料 新鲜竹笋尖、青椒、酱油、鸡精、植物油

做法 ①新鲜竹笋尖去壳，洗净，切成薄片；青椒去蒂、去子，洗净，切块。②锅置火上，倒油烧热，放入笋片煸炒，边煸边淋少许水，炒至八成熟，倒入酱油、鸡精调味，放入青椒翻炒片刻，出锅即成。

酱爆平菇

用料 平菇、葱段、姜丝、精盐、鸡精、甜面酱、水淀粉、香油、植物油

做法 ①平菇择洗干净，撕成条，放入沸水锅焯熟，捞起，挤净水分。②净锅上火，倒油烧热，放姜丝、葱段炝香，烹入甜面酱，加入平菇，调入精盐、鸡精炒匀，用水淀粉勾芡，淋入香油，起锅装盘即成。

• 饮食一点通 •

平菇对肝炎、慢性胃炎、胃及十二指肠溃疡、尿道结石有防治作用。

茭白炒金针菇

用料 茭白、金针菇、辣椒、水发木耳、醋、香油、姜丝、香菜段、精盐、白糖、植物油

做法 ①茭白洗净切丝，放入沸水锅焯烫后捞出；金针菇洗净，倒入沸水锅焯烫后捞出；辣椒洗净，去子切丝；水发木耳洗净，切丝。②炒锅点火，倒油烧热，放入姜丝、辣椒丝爆香，加入茭白丝、金针菇、木耳炒匀，烹入精盐、白糖、醋、香油调味，放入香菜段，装盘即可。

> **饮食一点通**
> 健脾养胃，宽肠通便。

油炸茶树菇

用料 茶树菇、鸡蛋液、面粉、精盐、香油、植物油

做法 ①茶树菇洗净，切成两半；鸡蛋液加面粉、精盐和适量水调成糊，将茶树菇裹匀鸡蛋糊。②锅置火上，倒油烧至六成热，放入茶树菇，炸至金黄色，淋入香油，装盘即成。

> **饮食一点通**
> 健脾清热，平肝止泻。

乡间素炒

用料 蜜豆、角瓜、南瓜、百合、湖南酸菜、青椒、红椒、花生、精盐、白糖、鸡精、植物油

做法 ①蜜豆撕去筋，洗净；南瓜去皮，切片；百合掰瓣，洗净；角瓜洗净，切片；湖南酸菜切片；以上用料均入沸水锅焯烫片刻，捞出沥水；青椒、红椒均洗净，切片。②锅置火上，倒油烧热，放入花生，小火炸至酥香，捞出控油。③锅留底油烧至七成热，放入蜜豆、南瓜、角瓜、百合、湖南酸菜大火翻炒片刻，加入精盐、鸡精、白糖调味，撒入花生、青椒片、红椒片点缀即成。

金玉满堂

用料 小黄瓜、圣女果、玉米粒、花生米、鲜香菇、韧豆腐、姜丝、精盐、鸡精、白糖、植物油

做法 ①小黄瓜洗净切丁；圣女果洗净切丁；鲜香菇洗净切丁；韧豆腐洗净切块。②锅中倒油烧热，放入花生米、香菇、韧豆腐氽炸片刻，捞出沥油。③锅留底油烧热，放入姜丝爆香，倒入玉米粒翻炒片刻，加入少许水煮2分钟，依次放入香菇、花生米、韧豆腐、小黄瓜、圣女果翻炒片刻，加入精盐、鸡精、白糖调味，出锅即成。

南瓜杂菌盅

用料 小南瓜、香菇、草菇、鸡腿菇、青椒、红椒、姜蒜末、精盐、鸡精、植物油

做法 ①小南瓜从有蒂把的一头切掉1/5，去瓤，洗净，放入蒸锅中小火蒸至熟透，取出，摆盘中；香菇、草菇、鸡腿菇均洗净，一切两半；青椒、红椒均洗净，切成小片。②锅置火上，倒油烧热，放入姜蒜末爆香，加入香菇、草菇、鸡腿菇、青椒、红椒爆炒片刻，放入精盐、鸡精和少许水炒匀，将菜连汁倒入小南瓜盅中，上桌即成。

罗汉笋炒雪菜

用料 罗汉笋、雪菜、干辣椒、葱蒜蓉、精盐、鸡精、胡椒粉、香油、植物油

做法 ①罗汉笋洗净，改刀成条，入沸水锅焯烫后捞出；雪菜洗净，切末。②炒锅上火，倒油烧热，放入葱蒜蓉、干辣椒爆香，倒入雪菜煸炒片刻，放入罗汉笋翻炒均匀，加精盐、鸡精、胡椒粉调味，淋入香油即可。

罗汉斋

用料 西蓝花、蜜豆、胡萝卜、黄瓜、水发木耳、百合、蒜蓉、精盐、鸡精、植物油

做法 ①黄瓜洗净，切段；西蓝花洗净，切小块；百合洗净，掰成瓣，胡萝卜去皮，洗净，切片；蜜豆去筋，洗净切段；木耳洗净，撕成小朵；以上材料入沸水锅焯烫片刻，捞出沥干。②炒锅倒油烧热，放入蒜蓉炒香，倒入全部原料，翻炒均匀，调入精盐、鸡精，炒熟即可。

·饮食一点通·
营养丰富，鲜滑爽口。

田园素小炒

用料 甜豆、水发木耳、莲藕、胡萝卜、精盐、生抽、鸡精、香油、植物油

做法 ①甜豆洗净，切长条；莲藕洗净，切片；水发木耳洗净，撕成小朵；胡萝卜洗净，切块。②炒锅点火，倒油烧热，放入甜豆、莲藕、木耳、胡萝卜炒熟，加入精盐、生抽、鸡精炒匀，淋香油即可。

·饮食一点通·
清肝利胆，瘦身丰胸。

火炒五色蔬

用料 玉米笋、芦笋、鲜香菇、百合、彩椒、精盐、植物油

做法 ①玉米笋洗净，切段；百合洗净，掰成瓣；芦笋洗净，切段；彩椒去子，切条；鲜香菇洗净，去蒂，切条；以上材料同放入沸水锅焯烫2分钟，捞出沥水。②炒锅点火，倒油烧热，放入以上用料，大火翻炒5分钟，加入精盐调味，翻炒片刻，出锅即成。

·饮食一点通·
调养五脏，调和情绪。

炒素什锦

用料 香菇、黄瓜、番茄、胡萝卜、西蓝花、玉米笋、去皮荸荠、精盐、鸡精、水淀粉、鸡汤、植物油

做法 ①香菇洗净，切成梅花瓣；黄瓜、胡萝卜均洗净，切花刀片；番茄洗净，去皮，切月牙瓣；西蓝花洗净，掰成小朵；玉米笋冲洗干净，切段；去皮荸荠冲洗干净，削成球状。②上述原料均入沸水锅焯烫片刻，捞出沥水。③锅中倒油烧热，投入全部用料，加入鸡汤、精盐、鸡精翻炒至熟，用水淀粉勾芡，出锅即成。

香椿豆腐

用料 豆腐、香椿、蚝油、精盐、鸡精、植物油

做法 ①豆腐洗净，切片，放入平底煎锅中煎至两面呈金黄色，盛出装盘；香椿洗净，切丁。②锅置火上，倒油烧热，放入香椿炒香，加入蚝油、精盐、鸡精和少许水煮沸成香椿酱汁，淋在煎好的豆腐上即成。

清蒸豆腐丸子

用料 豆腐、鸡蛋液、花生米、水发香菇、葱末、精盐、鸡精、胡椒粉、水淀粉、香油

做法 ①豆腐压成泥状，加鸡蛋液拌匀；水发香菇洗净切碎；花生米压碎；香菇末、花生米碎、葱末、精盐、鸡精、胡椒粉、香油一起拌匀成馅料。②将馅料包在豆腐泥中，揉成圆球状，放在抹了一层香油的盘子里，上蒸笼蒸30分钟，出笼后将盘中原汁放入锅中烧开，加水淀粉勾芡，浇在豆腐球上即成。

炸蔬菜球

用料 豆腐、紫菜、荸荠、水发香菇、菠菜、面粉、精盐、淀粉、胡椒粉、植物油

做法 ①豆腐洗净，放入盐水锅煮10分钟，捞出沥水，捣碎，用干净纱布挤干水；紫菜剪碎；荸荠去皮，洗净，切丁；水发香菇洗净，切丁；菠菜洗净，放入沸水锅烫熟，捞出摆盘。②豆腐、紫菜、荸荠、香菇与少量面粉拌匀，加入精盐、胡椒粉调味，捏成圆球，裹匀淀粉，放置10分钟。③锅置中倒油烧热，放入蔬菜球用中火炸至呈金黄色，捞出沥油，摆放在菠菜上即成。

番茄豆腐干

用料 白豆腐干、番茄、青椒、葱姜末、精盐、鸡精、植物油

做法 ①白豆腐干洗净，切片；番茄用沸水烫去外皮，洗净，切块；青椒去蒂、去子，洗净切块。②锅置火上，倒油烧热，放入葱姜末爆香，放入白豆腐干，煎至两面呈金黄色，加入青椒炒匀，加少许水翻炒片刻，放入番茄，加精盐、鸡精调味，出锅即成。

冻豆腐炒蜜豆

用料 蜜豆、冻豆腐、红椒、精盐、鸡精、胡椒粉、植物油

做法 ①冻豆腐解冻，挤干水分，切条；蜜豆洗净；红椒洗净，去蒂、去子，切丝，上述三种用料均入沸水锅焯烫片刻，捞出沥水。②锅置火上，倒油烧热，放入冻豆腐炒至呈微黄色，加入蜜豆、红椒翻炒片刻，加精盐、鸡精、胡椒粉炒匀即成。

豇豆炒肉丝

用料 豇豆、猪肉、植物油、精盐、鸡精、酱油、姜蒜片、香油

做法 ①豇豆择洗干净，切段；猪肉洗净切丝。②净锅上火，倒油烧热，放入姜蒜片炝香，放入猪肉煸炒至八成熟，烹入酱油，加入豇豆，调入精盐、鸡精，翻炒至熟，淋入香油，装盘即成。

·饮食一点通·

豆角具有健脾补肾的功效，主治消化不良，对尿频、遗精及一些妇科功能性疾病有辅助疗效。

肉片炒木耳

用料 猪肉、胡萝卜、水发木耳、植物油、精盐、葱段、姜片、鸡精、蚝油、料酒、香油

做法 ①猪肉洗净切片；胡萝卜去皮洗净，切片；水发木耳洗净，撕成小朵。②净锅上火，倒油烧热，加入葱段、姜片炒香，放入猪肉炒至熟，烹入料酒，加入胡萝卜、木耳，调入蚝油、精盐、鸡精，炒至熟，淋入香油，装盘即可。

·饮食一点通·

补中益气，开胃消食，强身健体。

肉丝炒酸菜

用料 猪瘦肉、酸菜、葱姜丝、精盐、酱油、鸡精、水淀粉、花椒油、植物油

做法 ①猪瘦肉洗净，切丝；酸菜去根，洗净，切丝，放入温水中浸泡20分钟，捞出挤净水分。②锅置火上，倒油烧热，加入葱姜丝炝香，放入肉丝煸炒至变色，加入酸菜丝炒匀，放入酱油、精盐、鸡精和适量水，翻炒至熟，用水淀粉勾芡，淋入花椒油，出锅装盘即成。

韭黄炒肉丝

用料 猪瘦肉、韭黄、鸡蛋清、红椒、香菜段、精盐、鸡精、胡椒粉、水淀粉、香油、植物油

做法 ①猪瘦肉洗净，切丝，加入精盐、鸡蛋清、水淀粉拌匀上浆，腌渍10分钟；韭黄洗净，切段；红椒洗净，切丝；锅置火上，倒油烧至四成热，放入肉丝滑熟，捞出沥油。②锅留底油烧热，放入韭黄翻炒片刻，加入肉丝、红椒丝、精盐、鸡精炒匀，用水淀粉勾芡，加入香油、胡椒粉、香菜段翻炒均匀，出锅装盘即成。

蕨菜炒肉丝

用料 干蕨菜、瘦猪肉、葱花、水淀粉、料酒、盐、鸡精、植物油

做法 ①干蕨菜用冷水泡发，择洗干净，切段；猪肉洗净，切丝，加水淀粉和料酒抓匀，腌20分钟。②锅置火上，倒油烧至七成热，放入葱花炒出香味，放入猪肉丝滑熟，加蕨菜段翻炒熟，用精盐和鸡精调味即成。

· 饮食一点通 ·

　　常吃蕨菜可以促进胰岛素分泌，增强胰岛素活性，起到调节血糖的作用。

肉片春笋

用料 春笋、瘦猪肉、葱段、料酒、酱油、胡椒粉、精盐、鸡精、水淀粉、植物油

做法 ①瘦猪肉洗净，用刀面拍松，切片；春笋洗净，切片。②锅置火上，倒油烧热，投入葱段炝锅，再加肉片、笋片，煸炒数下后加入酱油、料酒、精盐、胡椒粉，继续炒至肉熟，调入鸡精，用水淀粉勾芡，炒匀后即可出锅。

· 饮食一点通 ·

　　清热解毒，降脂降压，减肥瘦身。

笋干炒肉

用料 笋干、里脊肉、葱花、精盐、老抽、料酒、水淀粉、蚝油、香油、植物油

做法 ①笋干用清水泡发，切块；里脊肉洗净，切片，加精盐、料酒、老抽、水淀粉腌渍10分钟。②锅置火上，倒油烧热，放入笋干翻炒片刻，倒入适量水焖煮10分钟，加入精盐、老抽调味，收干汤汁，盛出。③另锅倒油烧热，放入肉片滑散，加入笋干翻炒均匀，调入蚝油炒匀，撒上葱花，淋上香油即成。

蒜米肉片

用料 猪肉、蒜瓣、香菜末、精盐、鸡精、花椒、植物油

做法 ①猪肉洗净切片；蒜瓣切成米粒大小，用料酒稍泡。②净锅上火，倒油烧热，放入花椒、蒜米炝香，加入猪肉片煸炒至熟，调入精盐、鸡精炒匀，起锅装盘，撒香菜末即成。

> · 饮食一点通 ·
> 温中开胃，消食理气，杀菌解毒。

葱爆里脊肉

用料 猪里脊肉、大葱、精盐、酱油、鸡精、香菜段、香油、植物油

做法 ①猪里脊肉切成薄片；大葱去外皮，洗净切片。②净锅上火，倒油烧至四成热，放入猪里脊肉炒至熟盛出，放入大葱爆香，加入猪里脊肉，调入酱油、精盐、鸡精，大火翻炒均匀，撒入香菜段，淋入香油，起锅装盘即成。

蒜香五花肉

用料 五花肉、葱姜末、炸蒜蓉、精盐、鸡精、淀粉、胡椒粉、植物油

做法 ①五花肉洗净，切成片，拍匀淀粉。②炒锅点火，倒油烧热，放入肉片炸至金黄色，捞出沥油。③锅留底油烧热，投入葱姜末爆香，加入肉片、炸蒜蓉、胡椒粉、精盐、鸡精，炒匀即成。

· 饮食一点通 ·

健脾补肾，下气通便，美容减肥。

金枣猪腿肉

用料 猪腿肉、金丝小枣、葱段、姜片、精盐、酱油、鸡精、料酒、植物油

做法 ①金丝小枣洗净，放入锅内，加适量清水烧开，转小火煮至外皮饱满；猪腿肉洗净，切块。②锅中倒油烧热，放入猪腿肉块，加入葱段、姜片煸炒片刻，倒入料酒、酱油，旺火烧开，转中火焖烧30分钟，加入精盐和煮好的小枣，旺火收浓汁，加鸡精调味即成。

· 饮食一点通 ·

补血养颜，健脾益气。

毛氏红烧肉

用料 带皮五花肉、蒜瓣、干辣椒、精盐、鸡精、生抽、红糖、蜂蜜、高汤、植物油

做法 ①带皮五花肉洗净，整块放入沸水锅中，大火煮2分钟，捞出五花肉，冲净，凉凉，切方块。②锅中倒油烧热，放入蒜瓣、干辣椒爆香，倒入肉块翻炒2分钟，熄火。③另锅点火，倒油烧热，放入红糖，小火慢熬成糖浆，迅速倒入五花肉块翻炒至上色，加入精盐、生抽，倒入高汤，大火烧沸，转中火炖至肉烂汁浓，淋少许蜂蜜，加鸡精调味，拌炒均匀即成。

珍珠丸子

用料 猪肉、糯米、鸡蛋清、葱姜末、精盐、酱油、鸡精、白糖、香油、植物油

做法 ①糯米洗净，清水浸泡3小时，捞出沥水；猪肉剁成肉泥，加入鸡蛋清、葱姜末、精盐、酱油、鸡精、白糖、植物油，用力搅拌至肉馅有弹性，用勺子团成一口大小的丸状。②每个肉丸均裹匀糯米粒，摆在抹过香油的盘子里，放入蒸笼大火蒸10分钟即成。

海带炖五花肉

用料 五花肉、海带、植物油、酱油、料酒、精盐、白糖、八角茴香

做法 ①海带冲洗干净，切块；五花肉洗净，切成块。②净锅上火，倒油烧至六成热，放入白糖煸炒成糖色后投入肉块，翻炒片刻，见肉块着色，加入调料和水，大火烧开，改小火炖60分钟，待肉接近软烂时放入海带，炖至酥烂即成。

· 饮食一点通 ·

通便排毒，强身健体。

腊肉香芹

用料 腊肉、芹菜、胡萝卜、葱蒜丝、精盐、鸡精、料酒、花椒、白糖、植物油

做法 ①胡萝卜洗净，去皮切片；芹菜择洗干净，切段；腊肉洗净，蒸熟切片。②净锅上火，倒油烧热，放入葱蒜丝、花椒炝香，放入腊肉、胡萝卜片、芹菜段煸炒，调入精盐、料酒、白糖、鸡精，煸炒至熟，起锅装盘即成。

· 饮食一点通 ·

开胃祛寒，消食下气。

清蒸腊肉

用料 五花腊肉、葱花、鸡精、白糖、豆豉、鸡汤

做法 ①五花腊肉皮用火烧去残毛，将皮烧起泡，清洗干净，放入锅中煮熟，捞出凉凉。②腊肉切片，摆入盘中，加入鸡精、白糖、豆豉、鸡汤，上笼蒸40分钟，取出，滗去多余的汤汁，撒上葱花即成。

腊肉片蒸土豆

用料 腊肉、土豆、鸡蛋、葱花、蒜蓉、蒸肉米粉、鸡精、香油

做法 ①腊肉洗净，切片；土豆去皮洗净，切片；鸡蛋磕入碗中，加入鸡精搅拌匀成鸡蛋液。②腊肉片蘸上鸡蛋液，裹匀蒸肉米粉，与土豆片间隔着放在盘子里，撒上蒜蓉，放入沸水锅隔水大火蒸30分钟，取出，撒上葱花，淋入香油即成。

茭白烧腊肉

用料 茭白、腊肉、水发香菇、精盐、酱油、白糖、鸡精、水淀粉、植物油

做法 ①茭白去皮、去根，洗净，切条；腊肉洗净，切条；水发香菇去蒂，洗净。②锅中倒油烧热，放入腊肉炒香，加入茭白、香菇、白糖、酱油、精盐翻炒片刻，加入少许水，小火焖熟，调入鸡精，用水淀粉勾芡即成。

豆豉蒸排骨

用料 排骨、豆腐、豆豉酱、红椒、葱花、精盐、酱油、鸡精、米酒

做法 ①排骨洗净，切段，加精盐、酱油、米酒拌匀腌渍20分钟，加入豆豉酱搅拌均匀；豆腐洗净，切厚片；红椒洗净，切丁。②豆腐片铺在盘底，上面撒少许精盐、鸡精，将排骨段叠放在豆腐上，盖上保鲜膜，放入蒸锅中蒸1小时，取出，去除保鲜膜，撒上葱花、红椒，上桌即成。

粉蒸排骨

用料 排骨、红薯、蒸肉米粉、葱花、蒜蓉、辣豆瓣酱、精盐、老抽、鸡精、白糖、植物油

做法 ①排骨洗净，切段，加入辣豆瓣酱、老抽、蒜蓉、白糖、鸡精、精盐、植物油拌匀，倒入蒸肉米粉，裹匀排骨；红薯去皮洗净，切块。②蒸笼中铺上一层红薯块，在上面铺上排骨，上蒸锅大火蒸45分钟，出锅撒上葱花即成。

霉干菜炖排骨

用料 排骨、霉干菜、葱花、姜片、精盐、鸡精、老抽、白糖、料酒、植物油

做法 ①排骨洗净，沥干，切段；霉干菜用温水浸泡20分钟，洗净，挤干水分。②锅置火上，倒油烧热，放入葱花、姜片爆香，加入排骨炒至变色，烹入料酒、老抽、精盐、白糖，加开水没过排骨，大火煮沸，转小火炖至汤少一半时，加入霉干菜，继续炖至排骨熟烂，汤汁收干，调入鸡精拌匀，出锅装盘即成。

走油猪蹄

用料 猪蹄、姜片、葱段、精盐、料酒、白糖、酱油、植物油

做法 ①猪蹄刮洗干净，焯水沥干，入油锅炸至微黄，捞出沥油。②锅中倒油烧热，放入姜片、葱段煸香，放入猪蹄，倒入清水没过猪蹄，放入精盐、料酒、白糖、酱油烧沸，撇去浮沫，小火焖至熟透入味，起锅即成。

> **·饮食一点通·**
>
> 通乳，美容，补气养血，滋润肌肤。

黄豆炖猪蹄

用料 猪蹄、黄豆、精盐、姜块

做法 ①猪蹄治净，放入沸水锅汆烫片刻，捞出，剁块；黄豆用冷水浸泡6小时，捞出沥水。②猪蹄、黄豆同放入瓦煲中，加入适量水、姜块，大火烧沸，转小火炖至软烂，加精盐调味即成。

黄豆炒猪尾

用料 猪尾、黄豆、油菜、姜片、精盐、蚝油、植物油

做法 ①黄豆洗净，浸泡6小时；猪尾洗净，切段，放入沸水锅焯烫片刻，捞出；油菜洗净，放入沸水锅焯烫片刻，捞出摆盘。②净锅中倒油烧热，放入姜片爆香，放入猪尾、黄豆炒匀，加入适量水，大火烧沸，转小火煮60分钟，加入精盐、蚝油调味，煮至汤汁收干，放入油菜盘即成。

肉皮炖干豇豆

用料　肉皮、干豇豆、土豆、葱段、花椒、八角茴香、桂皮、精盐、酱油、植物油

做法　①干豇豆用温水泡软，洗净；土豆去皮洗净，切块；肉皮治净。②锅中放入适量水烧沸，放入干豇豆焯烫5分钟，捞出沥水，切段；再将肉皮整块放入锅中，余煮10分钟，取出凉凉，切块。③沙锅中放入适量水烧沸，放入肉皮、土豆块、豇豆段、葱段、花椒、八角茴香、桂皮、酱油、精盐大火烧沸，转小火加盖炖熟即成。

莴笋炒猪心

用料　猪心、莴笋、胡萝卜、蒜片、精盐、鸡精、料酒、植物油

做法　①猪心洗净，入锅煮熟，捞出切片；莴笋去皮，洗净切片；胡萝卜去皮，洗净，切丝。②锅中倒油烧热，放入蒜片爆香，放入莴笋、胡萝卜丝煸炒，烹入料酒，加入猪心，调入精盐、鸡精，炒匀即成。

·饮食一点通·
养心安神，清肺止咳，利水通淋。

菜心沙姜炒猪心

用料　菜心、猪心、沙姜、精盐、酱油、植物油

做法　①菜心洗净；猪心、沙姜均洗净，切片。②锅中倒油烧热，放入菜心稍炒片刻，再放入猪心、沙姜翻炒均匀，调入精盐、酱油，炒熟即可。

·饮食一点通·
温中散寒，开胃消食。

枸杞烩猪肝

用料 猪肝、枸杞子、高汤、精盐、鸡精、葱段、淀粉、姜片、料酒

做法 ①猪肝汆水洗净，切成薄片，加入淀粉抓匀；枸杞子用温水浸泡，洗净。②锅置火上，倒入高汤，调入精盐、料酒、葱段、姜片，加入猪肝、枸杞子烧沸，急火收汁，调入鸡精，起锅装盘即成。

· 饮食一点通 ·

　　补肾益精，养肝明目，润肺止咳。

海蜇爆肚丝

用料 熟猪肚、水发海蜇、香菜段、植物油、精盐、鸡精、蒜末、香油

做法 ①熟猪肚切丝；水发海蜇洗净，切丝，入沸水锅汆片刻，捞出，投凉沥水。②净锅上火，倒油烧热，放入蒜末炝香，放入香菜段稍炒，加入熟猪肚丝、水发海蜇丝，调入精盐、鸡精，淋入香油，翻炒均匀即成。

· 饮食一点通 ·

　　补虚损，健脾胃。

清炖猪肚

用料 猪肚、葱段、姜片、精盐、淀粉、植物油

做法 ①猪肚加入淀粉、精盐揉搓数次，冲洗干净，放入沸水锅煮30分钟，捞出冲净，切片。②锅置火上，倒油烧热，放入葱段、姜片爆香，加入猪肚爆炒片刻，放入精盐调味，熄火。③将猪肚放入炖盅，倒入冷开水，盖上盅盖，放入蒸锅小火蒸2小时即成。

蒜香肝尖

【用料】猪肝、蒜薹、姜丝、精盐、白糖、鸡精、老抽、料酒、香油、植物油

【做法】①猪肝洗净，切成片，焯水至熟；蒜薹洗净切段。②净锅上火，倒油烧热，放入姜丝炒香，烹入料酒，放入蒜薹煸炒，调入老抽，加入猪肝，调入精盐、白糖、鸡精，翻炒均匀，淋入香油即成。

·饮食一点通·
养血补肝，温中开胃，理气消食。

水滑香肝

【用料】猪肝、精盐、鸡精、葱段、姜片、淀粉、香油

【做法】①猪肝洗净，切成片，用清水浸泡至没有血色，捞出，加入淀粉抓匀。②锅置火上，加少许水，调入精盐、鸡精，放入葱段、姜片，淋入香油烧沸，放入猪肝汆至熟，急火收汁，起锅装盘即成。

·饮食一点通·
补肝，养血，明目。

生炒牛肉丝

【用料】嫩牛肉、莴苣、葱丝、姜末、料酒、精盐、鸡精、水淀粉、鲜汤、植物油

【做法】①嫩牛肉洗净，切丝，加入精盐、水淀粉抓匀上浆，腌渍20分钟；莴苣去皮，洗净，切丝。②锅置火上，倒油烧热，放入葱丝、姜末爆香，放入牛肉丝煸炒至肉丝变色，烹入料酒，倒入莴苣丝、精盐翻炒均匀，加少许鲜汤翻炒片刻，放入鸡精炒匀，出锅即成。

菜心炒牛肉

用料　牛肉、白菜心、葱花、鸡蛋清、精盐、鸡精、酱油、淀粉、植物油

做法　①牛肉洗净切片，调入精盐、鸡精，加入鸡蛋清，加淀粉抓匀；白菜心洗净。②净锅上火，倒油烧热，放牛肉滑散至熟，捞起控油。③锅留底油烧热，放入葱花炝香，放入白菜心略炒，加入牛肉，调入精盐、鸡精、酱油，翻炒均匀，起锅装盘即成。

满口香牛柳

用料　牛柳、洋葱丝、青椒丝、红椒丝、芝麻、精盐、料酒、淀粉、香油、植物油

做法　①牛柳洗净，加入精盐、淀粉抓匀上浆。②炒锅倒油烧热，加入牛柳、青椒丝、红椒丝、洋葱丝、香油翻炒均匀，加料酒、精盐，撒上芝麻即可。

·饮食一点通·

　　滋养脾胃，强筋健骨。

家常牙签肉

用料　牛肉、芝麻、葱姜末、生抽、胡椒粉、辣椒粉、花椒、料酒、淀粉、植物油

做法　①牛肉洗净，切片，加入胡椒粉、辣椒粉、料酒、淀粉、生抽拌匀腌渍20分钟，用牙签将牛肉串起。②锅置火上，倒油烧热，放入牙签肉串炸熟，捞出沥油。③锅留底油烧热，放入葱姜末、芝麻炒香，放入牙签肉串、花椒炒匀即成。

百合牛肉炒鲜蔬

用料 牛肉、百合、莲子、荷兰豆、精盐、鸡精、植物油

做法 ①荷兰豆洗净；百合掰开，洗净；莲子去心，洗净；牛肉洗净，切大片。②锅置火上，倒油烧热，放入牛肉片大火炒熟，加入莲子、百合、荷兰豆翻炒片刻，加精盐、鸡精调味即可。

·饮食一点通·
温中益气，健脾养胃。

荷兰豆炒牛里脊

用料 牛里脊肉、荷兰豆、胡萝卜、植物油、姜汁、酱油、料酒、白糖、淀粉、精盐

做法 ①牛里脊肉洗净，切片，加淀粉、料酒、姜汁、酱油拌匀腌渍10分钟；荷兰豆洗净；胡萝卜洗净，切片。②锅中倒油烧热，放入牛肉片炒至变色，加入荷兰豆、胡萝卜片翻炒1分钟，加入料酒、白糖和精盐，炒至牛肉断生即可。

·饮食一点通·
健脾开胃，强身健体。

洋葱烧牛肉

用料 牛肉、洋葱、胡萝卜、水淀粉、植物油、料酒、高汤、精盐、鸡精、酱油

做法 ①洋葱去外皮，洗净切丝；胡萝卜洗净切丝；牛肉洗净，切成薄片。②锅置火上，倒油烧热，放入洋葱丝、胡萝卜丝、牛肉片翻炒均匀，加入料酒、高汤、精盐、酱油，小火焖至肉熟，用水淀粉勾芡，放入鸡精调味即成。

·饮食一点通·
降血压，降血脂，瘦身。

面筋炒牛肚

用料 牛肚、油面筋、香菇、红椒、葱段、姜蒜片、精盐、鸡精、植物油

做法 ①油面筋对半切开；香菇洗净，切片；牛肚洗净，入锅汆烫至五成熟，捞出切片；红椒洗净，切片。②炒锅倒油烧热，放入姜蒜片、葱段、红椒片爆香，放入油面筋、牛肚、香菇炒匀，加精盐、鸡精炒熟即可。

·饮食一点通·
保护肠胃，健胃消食。

酱爆羊肉丁

用料 羊肉、黄瓜、胡萝卜、鸡蛋清、葱花、精盐、鸡精、甜面酱、淀粉、植物油

做法 ①羊肉洗净切丁，调入精盐，加入鸡蛋清，加入淀粉，抓匀上浆；黄瓜、胡萝卜去皮洗净，切成丁。②锅中倒油烧热，放入羊肉滑熟，捞起控油。③锅留底油烧热，放入葱花炝香，放入胡萝卜略炒，加入黄瓜煸炒，调入甜面酱、鸡精，再放入羊肉迅速炒匀，起锅装盘即成。

羊肉炒粉条

用料 熟羊肉、粉条、胡萝卜、香菜段、葱姜丝、精盐、鸡精、酱油、高汤、植物油

做法 ①熟羊肉切片；粉条泡至回软，切段；胡萝卜去皮洗净，切片；香菜择洗干净，切段。②净锅上火，倒油烧热，放入葱姜丝爆香，放入胡萝卜煸炒，倒入高汤，加入粉条、羊肉片，调入精盐、鸡精、酱油，翻炒至入味，撒入香菜段，起锅装盘即成。

手扒羊肉

用料 羊排、清汤、精盐、鸡精、八角茴香、葱段

做法 ①羊排洗净，剁成块，焯水，冲洗干净。②净锅上火，倒入清汤，加入八角茴香、葱段，放入羊排烧沸，调入精盐、鸡精，小火煮至肉熟烂，捞起，码入盘内即成。

· 饮食一点通 ·

补虚劳，祛寒冷，开胃健力，通乳治带。

萝卜炖羊肉

用料 羊肉、萝卜、陈皮、料酒、葱段、姜片、精盐、鸡精、胡椒粉

做法 ①萝卜洗净，削去皮，切成块；羊肉洗净，切成块；陈皮洗净。②羊肉、陈皮、葱段、姜片、料酒放入锅内，加适量清水，武火烧开，撇去浮沫，再放入萝卜块煮熟，加入胡椒粉、精盐、鸡精调味，装碗即成。

· 饮食一点通 ·

健脾和胃，下气通乳。

胡萝卜炒兔肉丁

用料 胡萝卜、兔肉、精盐、酱油、鸡精、料酒、植物油

做法 ①兔肉、胡萝卜分别洗净，切丁。②炒锅点火，倒油烧热，放入兔肉炒至断生变白，加入精盐、胡萝卜丁，烹入料酒、酱油翻炒至熟，调入鸡精炒匀，出锅即可。

· 饮食一点通 ·

明目护眼，瘦身减脂。

青豆炒兔肉

用料 兔肉、嫩豌豆、葱花、姜末、精盐、鸡精、植物油

做法 ①兔肉洗净，切成大块，入沸水锅中汆去血水，捞出沥干；嫩豌豆洗净。②炒锅上火，倒油烧热，投入葱花、姜末爆香，加入兔肉、嫩豌豆炒熟，加精盐、鸡精调味即可。

三鲜蕨菜

用料 蕨菜、西芹、火腿、鸡丝、葱姜丝、料酒、水淀粉、鸡精、精盐、清汤、植物油

做法 ①西芹洗净切丝；蕨菜洗净切段，用沸水焯片刻(焯水时加少许植物油)；火腿切丝。②鸡丝中加入鸡精拌匀，用沸水焯片刻，变色后捞出。③净锅点火，倒油烧热，放入葱姜丝煸香，加入西芹、火腿、鸡丝、蕨菜、清汤、料酒、精盐、鸡精炒匀，水淀粉勾薄芡，出锅即成。

鸡丝魔芋豆腐

用料 魔芋、鸡胸脯肉、鲜香菇、火腿、鸡蛋清、葱段、精盐、鸡精、料酒、胡椒粉、淀粉、植物油

做法 ①鲜香菇去蒂，洗净，切丝；火腿切丝；鸡胸脯肉洗净，切丝，加入鸡蛋清、淀粉、精盐抓匀，腌渍10分钟；魔芋洗净，切条，放入沸水锅焯烫片刻，捞出沥水。②锅置火上，倒油烧至五成热，放入鸡丝滑散至变色，捞出沥油。③锅留底油烧热，放入香菇丝、火腿丝煸香，烹入料酒，放入精盐、鸡精、胡椒粉、魔芋条炒匀，加入葱段、鸡丝翻炒片刻，出锅装盘即成。

茶香子鸡

（**用料**）子鸡、铁观音茶、蒜苗、香芹、精盐、鸡精、白糖、植物油

（**做法**）①子鸡宰杀治净，剁成小块；蒜苗、香芹分别洗净，切段。②炒锅倒油烧热，放入子鸡炸至金黄色，捞出沥油，再放入铁观音茶炸熟，捞出沥油。③净锅倒油烧热，放入蒜苗段、香芹段炝锅，加入鸡块、铁观音茶、精盐、鸡精、白糖，翻炒均匀即成。

酱爆鸡丁

（**用料**）鸡胸脯肉、黄瓜、洋葱、鸡蛋清、甜面酱、鸡精、白糖、水淀粉、植物油

（**做法**）①鸡胸脯肉洗净，切丁，加入鸡蛋清、水淀粉抓匀上浆；黄瓜、洋葱均洗净，切丁。②锅置火上，倒油烧热，放入鸡丁滑至变白，捞出沥油。③锅留底油烧热，放入甜面酱、白糖炒香，加入鸡丁、黄瓜丁、洋葱丁、鸡精，翻炒至酱汁裹住鸡丁即成。

可乐鸡翅

（**用料**）鸡翅中、可乐、料酒、葱段、姜片、精盐、八角茴香、花椒、老抽、植物油

（**做法**）①鸡翅中洗净，剞上十字花刀，加入料酒、葱段、姜片、精盐，腌渍20分钟。②锅中倒油烧热，放入腌渍好的鸡翅稍炒，接着下葱段、姜片，煸炒几分钟，放入八角茴香、花椒继续爆炒，加入一杯开水，倒入可乐、适量老抽，大火烧开，改小火焖煮至鸡翅酥烂，急火收汁即成。

红烧鸡翅根

用 料 鸡翅根、精盐、料酒、葱段、姜片、酱油、胡椒粉、香菜段、白糖、植物油

做 法 ①鸡翅根洗净，加入精盐、料酒、葱段、姜片、胡椒粉，拌匀腌渍2小时。②净锅上火，倒油烧热，放入葱段、姜片炝香，烹入酱油，调入白糖，放入鸡翅根炒至上色，加水浸没翅根，大火烧2分钟，加精盐，转小火焖煮10分钟，收汁起锅，撒入香菜段即成。

> **·饮食一点通·**
> 温中益气，补血填精，增强脑力。

粉蒸翅中

用 料 鸡翅中、蒸肉米粉、姜末、腐乳汁、豆瓣酱、酱油

做 法 ①鸡翅中洗净，用牙签扎些眼，便于入味，加入腐乳汁抓匀，腌渍10分钟，装入蒸碗中，加入姜末、豆瓣酱、酱油、蒸肉米粉拌匀。②蒸碗放入沸水蒸锅中，大火蒸20分钟即成。

瓦煲香菇鸡翅

用 料 鸡翅、鲜香菇、葱段、姜片、精盐、鸡精、料酒、胡椒粉、鸡汤

做 法 ①鸡翅洗净，放入沸水锅煮至五成熟，捞出凉凉，切段，放入瓦煲中；鲜香菇洗净，去蒂，放入瓦煲中。②瓦煲中倒入适量鸡汤，加入精盐、鸡精、料酒、葱段、姜片，钵口用浸湿的纸封严，入蒸锅蒸2小时，揭开纸，去掉葱段、姜片，撒上胡椒粉即成。

炸熘子鸡

用料 子鸡、青椒、蒜蓉、酱油、醋、白糖、水淀粉、植物油

做法 ①子鸡宰杀治净，切块，加入酱油、水淀粉抓匀，腌渍20分钟；青椒洗净，切片；酱油、醋、白糖、水淀粉同入碗中调匀成味汁。②锅置旺火上，倒油烧至七成热，放入鸡肉炸至呈金黄色，捞出，待油温再升至八成热，放入鸡肉复炸至呈金红色，捞出沥油。③锅留底油烧热，放入蒜蓉、青椒炒香，倒入味汁浇沸，放入鸡肉翻炒片刻，出锅装盘即成。

红蒸酥鸡

用料 母鸡、荸荠、水发木耳、鸡蛋、面粉、葱花、精盐、鸡精、酱油、料酒、胡椒粉、水淀粉、鸡汤、植物油

做法 ①母鸡治净，切块；鸡蛋磕入面粉中拌匀成鸡蛋面糊；荸荠去皮洗净，切片；水发木耳洗净。②将鸡块裹匀鸡蛋面糊，放入热油锅炸5分钟，捞出装碗中，加入鸡汤、精盐、鸡精、葱花，放入蒸笼旺火蒸1小时，取出滗出汤汁。③净锅置旺火上，倒油烧热，放入荸荠片、水发木耳、酱油、料酒、鸡精翻炒2分钟，用水淀粉勾芡，淋在鸡块上，撒上葱花、胡椒粉即成。

板栗炖土鸡

用料 三黄鸡、板栗、葱段、姜片、精盐、料酒

做法 ①三黄鸡清洗干净，放入沸水锅汆烫片刻，捞出凉凉，切块；板栗洗净，用刀划个小口，放入沸水锅煮5分钟，捞出凉凉，去壳、去皮。②锅中加入适量水，放入鸡块、板栗仁、葱段、姜片、料酒，大火烧沸，转小火炖40分钟，加精盐调味即成。

翡翠鸭掌

用料　鸭掌、彩椒、蒜泥、料酒、卤汁、精盐、鸡精、水淀粉、清汤、植物油

做法　①鸭掌洗净，剥去外膜，斩去趾尖；彩椒洗净，切块，投入沸水锅焯熟，投凉沥水。②锅置火上，倒油烧热，放入蒜泥煸香，加入鸭掌、彩椒、料酒、精盐、鸡精和少量清汤煮沸，用水淀粉勾芡，翻炒片刻，浇上卤汁，起锅即成。

· 饮食一点通 ·
　　清虚热，健脾开胃，利尿消肿，美容瘦身。

清炖绿头鸭

用料　绿头鸭、葱花、姜片、精盐、料酒、胡椒粉

做法　①绿头鸭宰杀治净，切块，放入沸水锅中，加入料酒，汆烫2分钟，捞出沥水。②鸭块放入沙锅内，加适量水，放入姜片，大火烧沸，转小火炖至鸭肉熟烂，加精盐调味，撒上胡椒粉、葱花即成。

鲜香一品鸭

用料　鸭肉、霉干菜、葱姜丝、精盐、酱油、鸡精、料酒、胡椒粉、鲜汤、植物油

做法　①鸭肉洗净，切块；霉干菜洗净，放入沸水锅焯烫片刻，捞出沥干，凉凉，切末。②锅置火上，倒油烧热，放入葱姜丝爆香，加入鸭块，烹入料酒、酱油，加入霉干菜末翻炒片刻，倒入少许鲜汤，调入精盐、鸡精、胡椒粉，烧至汤汁将干，整锅倒入蒸笼中，大火蒸5分钟即成。

淮山炖水鸭

用料 水鸭、猪蹄、山药、枸杞子、姜片、精盐、鸡精、料酒

做法 ①水鸭宰杀治净，切块，放入沸水锅中汆烫3分钟，捞出洗净；猪蹄去毛洗净，放入沸水锅中汆烫3分钟，取出洗净；山药去皮洗净，切块；枸杞子洗净。②水鸭、猪蹄、山药、枸杞子、姜片、料酒同放入瓦罐中，加入适量水，大火烧沸，转中火炖1小时，加入精盐、鸡精调味即成。

笋干老鸭煲

用料 老鸭、笋干、火腿、姜片、精盐、料酒

做法 ①老鸭治净，切大块，放入沸水锅汆烫去血水，捞出沥干；笋干用清水泡发，洗净，切段；火腿切块。②鸭块、笋干同放入沙锅中，放入火腿块、姜片，加入适量水，倒入料酒，大火烧开，转小火炖2小时，加精盐调味即成。

银耳炖乳鸽

用料 乳鸽、水发银耳、陈皮、精盐、鸡精、高汤

做法 ①乳鸽宰杀治净，剁成块，放入沸水锅中汆烫2分钟，捞出沥干水，盛入汤碗中；水发银耳洗净切块，放入沸水锅稍汆一下，也放入汤碗中，再放入陈皮。②汤碗放入蒸笼中，加入精盐、鸡精，旺火蒸至鸽肉熟烂即成。

翡翠鹅肉卷

用料 去骨鹅肉、白菜、鸡蛋清、葱花、姜末、精盐、鸡精、胡椒粉、水淀粉、鸡汤、香油

做法 ①去骨鹅肉洗净，剁成蓉，加精盐、鸡精、胡椒粉、香油、葱花、姜末、鸡蛋清搅打上劲，制成肉馅；白菜去帮留叶，洗净，放入沸水锅焯烫片刻，捞出沥水。②将鹅肉馅包入白菜中，码在盘中，放入蒸锅蒸8分钟，取出。③锅置火上，加入鸡汤，加精盐、鸡精、胡椒粉、香油调味，用水淀粉勾芡，浇在白菜卷上即成。

鱼片蒸蛋

用料 鸡蛋、净鲜鱼片、葱花、精盐、鸡精、酱油、胡椒粉、植物油

做法 ①鲜鱼片加入精盐、植物油拌匀；鸡蛋磕入碗中打散，加入精盐、鸡精搅匀成蛋液，倒入蒸盘中。②蒸盘放入蒸锅中，小火蒸7分钟，在鸡蛋上放上鲜鱼片、葱花，续蒸3分钟，熄火，利用余热闷2分钟，取出蒸盘，淋入酱油，撒上胡椒粉即成。

柴把鱼

用料 去骨鲜鱼肉、水发香菇、冬笋、火腿、葱叶、姜丝、精盐、鸡精、料酒、水淀粉、胡椒粉、鸡汤、葱姜汁、植物油

做法 ①鲜鱼肉洗净，切丝，加入料酒、葱姜汁、精盐、鸡精拌匀，腌渍10分钟；水发香菇、冬笋均洗净，切丝；火腿切丝。②用葱叶将姜丝、火腿丝、香菇丝、冬笋丝、鱼丝捆绑在一起，码入碗中，加入鸡汤、精盐、鸡精、葱姜汁、植物油、料酒、胡椒粉，上蒸笼蒸熟，取出摆盘中，倒出蒸鱼原汁。③蒸鱼原汁滤净，倒入锅中烧沸，用水淀粉勾芡，浇在鱼丝上即成。

鳜鱼芝麻条

用料 鳜鱼、芝麻、鸡蛋、面粉、葱段、姜片、精盐、鸡精、料酒、胡椒粉、植物油

做法 ①鳜鱼去头、尾，洗净，切花刀，再顺切成条，用精盐、鸡精、葱段、姜片、胡椒粉、料酒腌5分钟；鸡蛋磕入碗中搅匀，将腌入味的鱼条裹面粉、挂蛋液、拍芝麻。②净锅上火，倒油烧热，放入鱼条炸至熟透，捞出装盘即成。

· 饮食一点通 ·

补气血，益脾胃。

鱼蓉蒸豆腐

用料 鳜鱼、豆腐、葱花、精盐、酱油、淀粉、胡椒粉、植物油

做法 ①鳜鱼宰杀治净，取肉，剁成肉泥，加入精盐搅拌至上劲，加入淀粉、清水调成鱼糊状，放入葱花、豆腐、精盐拌匀；酱油、胡椒粉、植物油同入碗中，调匀成味汁。②旺火烧沸蒸锅，放入鱼蓉豆腐，中火蒸15分钟，取出，淋上味汁即成。

赤豆花生炖鲤鱼

用料 鲤鱼、陈皮、赤豆、花生仁、葱段、姜片、精盐、料酒、植物油

做法 ①鲤鱼宰杀治净，切块；陈皮洗净；赤豆洗净，清水浸泡6小时；花生仁洗净。②锅置火上，倒油烧热，放入葱段、姜片爆香，放入鲤鱼，大火煎熟，盛出。③沙锅内加适量水煮沸，放入陈皮、赤豆、花生仁和鲤鱼，小火煮1小时，加入精盐、料酒调味即成。

鲫鱼炖豆腐

用料　鲫鱼、豆腐、料酒、葱花、姜片、精盐、鸡精、水淀粉、植物油

做法　①鲫鱼宰杀治净，沥水，抹上料酒、精盐腌渍5分钟；豆腐切片，洗净。②锅置火上，倒油烧热，放入姜片爆香，放入鲫鱼两面煎黄，加适量水，小火煮沸30分钟，放入豆腐片，加精盐、鸡精调味，再煮5分钟，淋入水淀粉勾芡，撒上葱花即成。

> ·饮食一点通·
> 　　益气养血，健脾宽中。

鲫鱼木耳煲

用料　鲫鱼、水发木耳、葱段、姜片、精盐、植物油

做法　①鲫鱼宰杀治净，去掉头尾，斩块；水发木耳洗净，撕成小朵。②净锅上火，倒油烧热，放入葱段、姜片爆香，放入鲫鱼块烹炒，倒入水，加入木耳，煲至熟，调入精盐即成。

> ·饮食一点通·
> 　　健脾利水，健脑益智，通乳催奶，防病抗病。

芙蓉鲫鱼

用料　鲫鱼、火腿末、鸡蛋清、葱花、姜片、精盐、鸡精、料酒、胡椒粉、香油、清汤

做法　①鲫鱼宰杀治净，斜切下鱼头和鱼尾，同鱼身一起装入盘中，加入料酒、葱花、姜片，上蒸笼蒸10分钟，取出，鱼头尾和原汤留用，鱼身剔下鱼肉。②鸡蛋清打散，加入鱼肉、清汤、鱼肉原汤、精盐、鸡精、胡椒粉搅匀，将一半装入汤碗中，上蒸笼蒸至半熟，取出，另一半倒在鱼肉上面，上蒸笼蒸熟，即成芙蓉鲫鱼。同时将鱼头、鱼尾蒸熟。③将鱼头、鱼尾分别摆放在芙蓉鲫鱼两头，拼成鱼形，撒上火腿末、葱花，淋入香油即成。

银鱼炒蛋

用料 银鱼、鸡蛋、韭菜、精盐、鸡精、白糖、料酒、植物油

做法 ①银鱼洗净，加料酒、精盐拌匀；鸡蛋磕入碗中打散；韭菜洗净切碎。②锅中倒油烧热，放入银鱼炒熟，再淋入鸡蛋液，炒匀，使银鱼和蛋粘在一起，加入韭菜、料酒、鸡精、白糖，炒熟即可。

·饮食一点通·

开胃健脾，益气补肾，健筋骨。

青椒爆鳝丝

用料 青椒、鳝鱼、鸡蛋清、葱段、姜蒜片、精盐、鸡精、胡椒粉、淀粉、植物油

做法 ①鳝鱼宰杀治净，切丝，加入淀粉、精盐、鸡蛋清拌匀；青椒洗净，去蒂、去子，切丝。②锅中倒油烧热，放入葱段、姜蒜片炒香，加入鳝鱼丝、青椒丝炒熟，调入精盐、鸡精、胡椒粉炒匀即成。

·饮食一点通·

增加皮肤弹性，减少皱纹，增添光泽。

豌豆炒鱼丁

用料 豌豆、鳕鱼、红椒、精盐、植物油

做法 ①鳕鱼去皮、去骨，洗净切丁；豌豆洗净，入沸水锅焯烫至变色，捞出沥水；红椒洗净，切丁。②锅置火上，倒油烧热，放入豌豆翻炒片刻，倒入鳕鱼丁、红椒丁，加适量精盐一同翻炒至鱼丁熟即可。

鱼头补脑汤

用料 鳙鱼头、天麻、水发香菇、虾仁、葱姜末、精盐、鸡精、胡椒粉、植物油

做法 ①鳙鱼头洗净，切开，放入热油锅煎烧片刻，盛出；水发香菇洗净；虾仁去除虾线，洗净；天麻洗净，切片。②锅置火上，倒油烧热，放入葱姜末炒香，加入香菇、虾仁、鳙鱼头翻炒片刻，加入天麻片、适量清水，大火烧沸，转小火烧至汤汁乳白，加入精盐、鸡精、胡椒粉调味，再煮开即成。

清炖鲢鱼头

用料 鲢鱼头、火腿、豌豆苗、葱段、姜片、精盐、料酒、鲜汤、植物油

做法 ①鲢鱼头去鳃，洗净，劈为两块，放入沸水锅余烫片刻，捞出沥水；火腿切片；豌豆苗洗净，放入沸水锅烫熟，捞出沥水。②锅置火上，倒油烧热，放入鱼头煎至呈金黄色，加入料酒、葱段、姜片和适量鲜汤，大火烧沸，转小火烧至鱼头酥软、汤汁乳白，将鱼头捞出盛入汤碗中，撒上豌豆苗。③原锅汤汁烧开，去掉葱段、姜片，加入精盐、火腿片，倒入鱼头汤碗中即成。

蒜薹烧小黄鱼

用料 小黄鱼、蒜薹、料酒、清汤、精盐、鸡精、姜丝、葱花、白糖、植物油

做法 ①蒜薹洗净切段；小黄鱼去鳞、鳃，剖肚去肠，洗净，加精盐腌渍入味，入油锅炸熟，捞出。②锅内加清汤、料酒、精盐、鸡精、姜丝、葱花、白糖和小黄鱼，煮至入味，加蒜薹煮熟即成。

· 饮食一点通 ·

益气开胃，消炎杀虫。

清炖柴鱼

用料 柴鱼、葱花、姜片、精盐、料酒、植物油

做法 ①柴鱼宰杀治净，切块。②锅置火上，倒油烧热，放入姜片煸香，放入柴鱼块，烹入料酒，加适量清水大火烧沸，转小火将汤汁炖至乳白色，加入精盐调味，撒上葱花即成。

咸鱼蒸肉饼

用料 咸鱼肉、猪肉馅、姜丝、精盐、胡椒粉、蚝油、淀粉、香油

做法 ①咸鱼肉去骨，切丁；猪肉馅放在碗中，加入精盐、蚝油、淀粉、胡椒粉搅拌至上劲，放在蒸盘中摊平成饼状，撒上咸鱼丁，淋入香油，撒上姜丝。②旺火烧沸蒸锅，放入蒸盘大火蒸7分钟，熄火，利用余热闷3分钟，打开锅盖取出肉饼即成。

红烧甲鱼

用料 甲鱼、葱段、姜片、酱油、料酒、冰糖、花椒、植物油

做法 ①甲鱼宰杀治净，取肉，切块。②锅置火上，倒油烧热，放入甲鱼块翻炒3分钟，加入葱段、姜片、花椒、冰糖炒匀，烹入酱油、料酒，加入适量水，小火煨炖至甲鱼肉熟烂即成。

· 饮食一点通 ·

　　滋阴补血。适用于阴虚或血虚患者所出现的低热、咯血、便血等症。

清炖甲鱼

【用料】 甲鱼、葱花、姜蒜末、精盐、酱油、料酒、清汤、植物油

【做法】 ①甲鱼宰杀治净，加入适量水烧沸，捞出沥水，刮去黑皮，撕下硬盖，取出内脏，去爪，切块。②锅中倒油烧热，加入姜蒜末炒香，放入甲鱼块、酱油煸炒2分钟，加入清汤，小火炖至甲鱼块酥烂，放入精盐、料酒，撒上葱花即成。

百合炒虾仁

【用料】 百合、虾仁、红椒、精盐、植物油

【做法】 ①百合剥瓣，洗净；红椒洗净，切片；虾仁去除虾线，洗净，用刀将背部划开。②锅置火上，倒油烧热，放入虾仁翻炒片刻，加入百合、红椒和2茶匙水继续翻炒至虾仁熟，加精盐翻炒均匀即可。

·饮食一点通·

补益气血，丰肌润肤。

滑蛋虾仁

【用料】 虾仁、鸡蛋、葱花、精盐、鸡精、胡椒粉、淀粉、香油、植物油

【做法】 ①虾仁去除虾线，洗净，加精盐、鸡精、胡椒粉、香油、淀粉拌匀；鸡蛋磕入碗中打散，加葱花、少许水打匀。②炒锅点火，倒油烧热，放入虾仁和鸡蛋液炒匀即可。

·饮食一点通·

健脑益智，增强记忆力。

竹荪虾仁羹

用料 虾仁、竹荪、菜心、精盐、胡椒粉、鲜汤

做法 ①虾仁去除虾线，洗净；竹荪泡发，去头、去蒂，洗净；菜心洗净。②锅中倒入鲜汤，放入竹荪，大火烧沸，加入虾仁小火炖熟，放入菜心略烫，加入精盐、胡椒粉调味即成。

虾仁炒干丝

用料 虾仁、千张、鸡蛋清、葱段、香菜段、精盐、鸡精、水淀粉、清汤、植物油

做法 ①千张放入沸水锅焯烫片刻，捞出沥水，切丝；虾仁挑去虾线，洗净，加入精盐、鸡蛋清、水淀粉抓匀上浆，腌渍10分钟。②锅置火上，倒油烧热，放入虾仁滑熟，捞出沥油。③净锅中倒入少许清汤、精盐、鸡精烧沸，用水淀粉勾芡，放入千张丝、虾仁、葱段翻炒均匀，起锅装盘，撒上香菜段即成。

松仁河虾球

用料 河虾仁、松子仁、豌豆、鸡蛋、枸杞子、葱姜末、精盐、鸡精、料酒、胡椒粉、淀粉、植物油

做法 ①河虾仁去除虾线，洗净，加入鸡蛋、料酒、精盐、鸡精、淀粉拌匀上浆，腌渍10分钟。②锅置火上，倒油烧热，放入河虾仁滑熟，捞出沥油，再放入豌豆滑油片刻，捞出沥油。③锅留底油烧热，放入葱姜末煸香，倒入少许水，加入精盐、鸡精、胡椒粉调味，用淀粉勾芡，放入虾仁、豌豆、枸杞子、松子仁大火翻炒片刻，出锅即成。

豆腐炖蛤蜊

用料 蛤蜊、豆腐、精盐

做法 ①蛤蜊吐净泥沙，洗净；豆腐切块。②净锅上火，倒入水，放入豆腐、蛤蜊，烧沸后撇去浮沫，再烧至蛤蜊熟，加少许精盐调味即成。

·饮食一点通·

　　滋阴，利水，化痰，软坚。

蛤蜊煲土豆

用料 蛤蜊、土豆、香菜末、精盐、植物油

做法 ①蛤蜊吐净泥沙，冲洗干净；土豆去皮洗净，切块。②净锅上火，倒油烧热，放入土豆煸炒，倒入水，小火煲至土豆熟透，调入精盐，放入蛤蜊烧至张开口，撒入香菜末即成。

·饮食一点通·

　　滋阴补气，利水化痰，健胃消食。

爆炒蛏子

用料 蛏子、精盐、鸡精、酱油、料酒、葱花、蒜蓉、植物油

做法 ①蛏子洗净，入沸水锅余烫片刻，捞起沥水。②炒锅点火，倒油烧热，放入蒜蓉爆香，倒入蛏子翻炒，加精盐、酱油、料酒炒入味，加鸡精调味，撒上葱花即可。

五彩鲜贝

用料 扇贝、胡萝卜、黄瓜、草菇、水发香菇、精盐、鸡精、料酒、胡椒粉、水淀粉、植物油

做法 ①扇贝取肉，洗净，加入水淀粉拌匀；胡萝卜、黄瓜均去皮，洗净，用挖球器挖成球；草菇、水发香菇均洗净，胡萝卜球、黄瓜球、草菇、香菇均入沸水锅焯烫片刻，捞出沥水。②锅置火上，倒油烧热，放入扇贝肉滑熟，捞出沥油。③锅留底油烧热，放入扇贝肉、胡萝卜球、黄瓜球、草菇、香菇、精盐、鸡精、料酒、胡椒粉翻炒均匀，用水淀粉勾芡，出锅即成。

韭菜炒鱿鱼

用料 韭菜、鲜鱿鱼、姜末、精盐、植物油

做法 ①韭菜洗净，切段；鱿鱼治净，切丝。②锅置火上，倒油烧热，放入姜末炒香，放入鱿鱼丝翻炒至色泽微红，加入韭菜段炒熟，用精盐调味即成。

· 饮食一点通 ·
促进胰岛素的分泌，降低血糖。

墨鱼黄瓜

用料 墨鱼、黄瓜、精盐、鸡精、料酒、酱油、白糖、植物油

做法 ①墨鱼治净，切片后剞十字花刀；黄瓜洗净，斜刀切片。②锅中倒油烧热，放入墨鱼翻炒，待墨鱼片自然卷起、变色后，倒入黄瓜片，调入料酒、酱油、精盐、鸡精和白糖，炒匀稍焖，盛出装盘即成。

· 饮食一点通 ·
墨鱼含有丰富的钙、磷、铁元素，对骨骼发育和造血有益，可预防贫血。

第 4 章

香辣过瘾菜

川北凉粉

用 料 豌豆凉粉、酱油、花椒粉、辣椒油、鸡精、精盐、大蒜、冰糖、香油

做 法 ①大蒜去皮，捣成蒜泥，加适量香油、水和精盐调匀成蒜泥汁；冰糖放入酱油中，加热溶化成甜酱油。②豌豆凉粉洗净，放碗中，加精盐、甜酱油、蒜泥汁、鸡精、花椒粉和辣椒油，拌匀即成。

麻辣粉皮

用 料 粉皮、辣椒油、花椒粉、香油、白糖、酱油、精盐、鸡精

做 法 ①粉皮洗净，切细丝，盛盘中。②辣椒油、花椒粉、香油、白糖、酱油、精盐、鸡精同入小碗中调匀，浇在粉皮丝上，拌匀即成。

· 饮食一点通 ·
　香辣爽口，富含多种矿物质。

泡小树椒

用料 小树椒、精盐、白酒、料酒、白糖、花椒、八角茴香、桂皮、丁香、茴香

做法 ①小树椒用清水浸泡20分钟，洗净；锅内倒入适量水，加入除小树椒外各种调味料烧沸，熬煮5分钟，倒出凉凉。②将煮好的调味汤倒入泡菜坛内，装入小树椒，盖上盖，注入坛沿水，泡腌7天即成。

川香开胃菜

用料 洋葱、青椒、胡萝卜、酱油、鸡精、香油、辣椒油

做法 ①洋葱、青椒、胡萝卜洗净，均切成丝。②将洋葱丝、青椒丝、胡萝卜丝放入大碗中，调入酱油、鸡精、香油、辣椒油，拌匀，装盘即成。

·饮食一点通·

健脾和胃，补肝明目，清热解毒。

姜汁豇豆

用料 豇豆、姜末、精盐、酱油、鸡精、醋、香油

做法 ①豇豆洗净，去两端，切段，放入沸水锅焯烫刚熟，捞出凉凉。②姜末、醋同入碗中，调匀成姜，加入精盐、鸡精、香油、酱油、豇豆，拌匀后装盘即成。

香辣豇豆

用料 豇豆、干红辣椒、精盐、料酒、鸡精、香油、植物油

做法 ①豇豆洗净，切段，入沸水锅焯透，捞出投凉，沥净水，放入盘内，加入精盐、鸡精、料酒拌；干红辣椒切成丝。②锅内倒油烧热，放入干红辣丝，倒入碗内成辣椒油，稍凉，与香油一起浇在豇上拌匀即成。

·饮食一点通·
理中益气，养胃补肾。

辣腌萝卜条

用料 青皮萝卜、姜蒜末、精盐、鸡精、料酒、白糖、辣椒粉、辣椒油

做法 ①萝卜去皮洗净，切条，装入坛子里，层层撒上精盐，腌24小时，取出，压净渗出的水分。②萝卜条放入大碗中，加入辣椒粉、鸡精、辣椒油、料酒、白糖、姜蒜末拌匀即成。

·主厨小窍门·
可加入胡萝卜、红萝卜等各种萝卜原料。

麻辣海带丝

用料 水发海带丝、酱油、香油、辣椒油、鸡精、精盐、花椒粉、白糖

做法 ①水发海带丝洗净，入沸水锅煮熟，捞出凉凉，切段。②酱油、精盐、鸡精、白糖、辣椒油、花椒粉同入大碗中，调匀成麻辣味汁，倒入海带丝，拌匀，淋上香油，装盘即成。

·饮食一点通·
清热解毒，软坚散结，利水降压。

香辣土豆丁

用料 土豆、葱末、精盐、鸡精、辣椒油

做法 ①土豆去皮洗净，切丁，用清水冲净淀粉，放入沸水锅焯烫至熟，捞出凉凉。②土豆丁放入大碗中，调入精盐、鸡精、葱末、辣椒油拌匀，装盘即成。

·饮食一点通·

补气，健胃，消食。

辣豆干

用料 豆干、尖椒、精盐、鸡精、香油、辣椒油、花椒油

做法 ①豆干切条，入锅焯透，捞出凉凉；尖椒洗净，切条，入锅焯透，捞出凉凉。②豆干条、尖椒条同倒入大碗中，调入精盐、鸡精、香油、花椒油、辣椒油，拌匀，装盘即成。

·饮食一点通·

胃寒，易腹泻，易腹胀者不宜多食。

蒜泥泡白肉

用料 带皮五花肉、黄瓜、野山椒、蒜泥、精盐、酱油、鸡精、辣椒油、白糖、泡菜水

做法 ①带皮五花肉洗净，入锅煮熟，捞出凉凉，切成大片，放入泡菜水中，加入野山椒，浸泡30分钟；黄瓜洗净，切丝，放入盘中垫底，五花肉放在上面。②蒜泥、辣椒油、精盐、鸡精、白糖、酱油拌匀成味汁，淋在五花肉上即成。

·主厨小窍门·

切肉片之前可以把肉放入冰箱冷冻一会儿，这样容易将肉片切得更薄。

红油拌口条

用料 猪舌、葱末、精盐、酱油、鸡精、白糖、辣椒油、香油

做法 ①猪舌洗净，放入沸水锅内煮熟，捞出沥水，凉凉切片，放盘内。②葱末、精盐、酱油、鸡精、白糖、辣椒油、香油同放碗中调匀成味汁，浇在口条上，拌匀即成。

红油肝片

用料 猪肝、西芹、精盐、白糖、鸡精、鲜汤、辣椒油、香油

做法 ①猪肝冲洗干净，切片，放入沸水锅汆烫至熟，捞出凉凉；西芹洗净，切段，放入精盐腌制入味；精盐、鸡精、白糖、辣椒油、香油、鲜汤同放入碗中调匀成红油味汁。②西芹放入大碗中垫底，放上猪肝片，浇上红油味汁拌匀即成。

椒麻口舌

用料 猪舌、葱段、姜片、精盐、酱油、鸡精、料酒、椒麻糊、鲜汤、香油

做法 ①猪舌洗净，放入锅中，加入鲜汤、葱段、姜片，大火烧沸，转小火煮至猪舌熟透，熄火凉凉，捞出猪舌，除去舌骨，切片，装盘。②椒麻糊、鲜汤、精盐、酱油、料酒、鸡精、香油调匀成椒麻味汁，淋在猪舌片上即成。

> **·饮食一点通·**
> 色泽自然，肉质熟软，健脾开胃。

果仁拌牛肉

用料 熟牛肉、花生米、精盐、鸡精、辣椒粉、辣椒油、花椒粉、植物油

做法 ①熟牛肉切片；花生米去皮，入热油锅炸至酥脆，捞出凉凉。②精盐、鸡精、辣椒粉、花椒粉调匀，再放入辣椒油、牛肉拌匀，撒上花生米，装盘即成。

· 饮食一点通 ·
咸鲜麻辣，强筋健骨。

红油鸡丝

用料 鸡腿、尖椒、葱丝、蒜蓉、精盐、酱油、鸡精、花椒粉、辣椒油

做法 ①鸡腿洗净，放入锅中煮熟，在原汤内浸泡30分钟，取出凉凉，去骨，切丝；尖椒洗净，去蒂、去子，切碎。②精盐、鸡精、酱油、蒜末、花椒粉、辣椒油、碎尖椒同放入碗中，兑成味汁。③葱丝放入盘底，上面放上鸡丝，将兑好的味汁淋在鸡丝上，拌匀即成。

红油拌鸭掌

用料 鸭掌、黄瓜、红辣椒、蒜蓉、辣椒油、香油、醋、精盐、鸡精、白糖

做法 ①鸭掌洗净，切成4块，放入沸水锅汆烫30秒，捞出凉凉，去骨、去筋；黄瓜、红辣椒分别洗净，切片。②鸭掌、黄瓜、红辣椒、蒜蓉和全部调味料同入大碗中，搅拌均匀，腌渍10分钟即成。

· 饮食一点通 ·
鸭掌多含蛋白质，低糖，少有脂肪，是良好的减肥食品。

剁椒娃娃菜

用料　娃娃菜、剁椒、精盐、白糖、鸡精、白醋、植物油

做法　①娃娃菜洗净，撕成小片，放入沸水锅焯烫至熟，捞出沥水；精盐、鸡精、白糖、白醋同放入碗中，加入剁椒，搅拌均匀成味汁。②锅置火上，倒油烧热，放入娃娃菜煸炒片刻，加入味汁炒均匀即成。

> ·饮食一点通·
>
> 　娃娃菜含有丰富的纤维素及微量元素，有助于预防结肠癌。

豆瓣卷心菜

用料　卷心菜、红尖椒、辣豆瓣酱、蒜片、精盐、鸡精、白醋、白糖、香油、植物油

做法　①卷心菜洗净，切片，加精盐腌渍5分钟，冲洗干净，沥水；红尖椒洗净，切片。②锅置火上，倒油烧热，放入辣豆瓣酱炒香，放入卷心菜片、蒜片、红尖椒片翻炒均匀，调入香油、鸡精、白醋、白糖炒匀即成。③卷心菜片、辣豆瓣酱、蒜片、红尖椒片、香油、鸡精、白醋、白糖搅拌均匀，浸腌30分钟即成。

白菜炒木耳

用料　白菜、水发木耳、青尖椒、红尖椒、葱姜末、豆瓣酱、精盐、鸡精、植物油

做法　①白菜洗净，切片；水发木耳洗净，撕成小朵；青尖椒、红尖椒均洗净，切片。②锅置火上，倒油烧热，放入葱姜末爆香，加入豆瓣酱、青尖椒、红尖椒翻炒片刻，放入白菜、木耳炒熟，加入精盐、鸡精调味，出锅即成。

辣炒酸菜

（用料）酸菜、朝天椒、姜蒜末、精盐、白糖、鸡精、米酒、陈醋、辣椒粉、植物油

（做法）①酸菜洗净，挤干水分，切成碎末；朝天椒洗净，切末。②锅置火上，不放油，放入酸菜末炒干水分，盛出。③锅置火上，倒油烧热，放入姜蒜末、辣椒粉、朝天椒末爆香，加入酸菜末、精盐、白糖、鸡精、米酒、陈醋，拌炒均匀即成。

醋熘辣白菜

（用料）大白菜、红尖椒、干辣椒、姜末、精盐、酱油、白糖、醋、鸡精、植物油

（做法）①大白菜洗净，切片；红尖椒洗净，切片；干辣椒洗净，切丝。②锅置火上，倒油烧热，放入干辣椒丝、姜末、红尖椒炒香，倒入大白菜炒匀，加入精盐、白糖、酱油、醋、鸡精调味，出锅装盘即成。

回锅冬瓜

（用料）冬瓜、青椒、红椒、香葱段、豆瓣酱、精盐、酱油、白糖、鸡精、植物油

（做法）①冬瓜去皮、去瓤，洗净，切片，入沸水锅焯烫至软，捞出沥水；青椒、红椒均洗净，切丝；豆瓣酱、酱油、白糖同放碗中调成味汁。②锅置火上，倒油烧至四成热，放入青椒丝、红椒丝、葱段炒香，加入味汁炒匀，倒入冬瓜片、精盐、鸡精，翻炒均匀，起锅装盘即成。

烧丝瓜

用料　丝瓜、毛豆仁、剁椒、葱末、料酒、蚝油、白糖、植物油

做法　①丝瓜去皮洗净，切块，浸入凉水中以防氧化变黑；毛豆仁洗净，放入沸水锅焯烫至变色，捞出沥水。②锅置火上，倒油烧至五六成热，放入葱末、剁椒炒香，加入料酒、蚝油、白糖翻炒均匀，放入丝瓜、毛豆仁炒熟即成。

辣炒茭白毛豆

用料　茭白、嫩毛豆、青椒、红椒、葱姜末、酱油、鸡精、白糖、植物油

做法　①茭白削去外皮，切去老根，放入沸水锅焯烫片刻，捞出，切长片；青椒、红椒均洗净，去蒂、去子，切丁；嫩毛豆洗净，入冷水锅煮10分钟，捞出沥水。②锅置火上，倒油烧至六成热，放入葱姜末煸香，加入茭白、毛豆、青椒、红椒、酱油、白糖、鸡精，煸炒入味即成。

> **·主厨小窍门·**
> 最好购买新鲜的嫩毛豆荚自己剥。

鱼香长豆角

用料　豆角、干辣椒、豆瓣酱、葱姜蒜蓉、料酒、酱油、白糖、植物油

做法　①豆角洗净，去头、去尾、去筋，斜刀切丝；干辣椒洗净，切段。②锅置火上，倒油烧热，放入葱姜蒜蓉、豆瓣酱、干辣椒段爆香，放入豆角丝炒匀，倒入酱油、料酒，加白糖、适量水翻炒均匀，烧煮至豆角熟透即成。

脆炒黄瓜皮

用料 黄瓜、蒜蓉、精盐、鸡精、陈醋、辣椒粉、植物油

做法 ①黄瓜洗净，从中间顺长剖开，去子，切条，加入陈醋、精盐、鸡精腌渍30分钟，拣出瓜条，切丁。②锅置火上，倒油烧热，放入蒜蓉、辣椒粉爆香，倒入黄瓜皮丁，煸炒片刻，加精盐、鸡精调味即成。

- 美味面面观 -
  清香、脆嫩。

炒辣味丝瓜

用料 嫩丝瓜、红尖椒、葱段、姜丝、精盐、鸡精、料酒、高汤、植物油

做法 ①嫩丝瓜去皮、去瓤，洗净，切片；红尖椒洗净，去蒂、去子，切片。②锅放旺火上，倒油烧热，放入葱段、姜丝、尖椒片炝香，放入丝瓜片翻炒片刻，加入精盐、料酒、鸡精、高汤翻炒均匀，出锅盛盘即成。

豉香小土豆

用料 小土豆、葱花、姜片、干辣椒段、豆豉、香料包（桂皮、草果、八角茴香、香叶各1克）、香辣酱、精盐、鸡精、植物油

做法 ①小土豆去皮洗净，切块。②锅置火上，倒油烧热，放入姜片爆香，加入豆豉、香辣酱炒出红油，放入小土豆块、干辣椒段翻炒片刻，调入精盐炒匀，加入没过土豆的水，放入香料包，大火烧沸，转小火焖烧至土豆变软，放入鸡精调味，转大火烧至收汁，撒上葱花，装盘即成。

辣炒萝卜干

用料 萝卜干、红椒、芽菜、葱蒜蓉、白糖、酱油、植物油

做法 ①萝卜干用清水浸泡24小时，洗净，捞出沥干，切丁；红椒洗净，去蒂、去子，切末；芽菜切末。②锅置火上，倒油烧热，放入红椒末、葱蒜蓉爆香，加入萝卜干、芽菜、酱油、白糖，翻炒至熟即成。

川酱茄花

用料 茄子、豆瓣酱、泡椒、鸡精、植物油

做法 ①茄子洗净，去掉蒂把，纵向一分为二切开，在茄子皮面剞十字花刀，再切段；泡椒剁碎。②锅中倒油烧热，放入茄子炸至呈金黄色，捞出沥油。③锅留底油烧热，放入泡椒、豆瓣酱炒香，加入茄花、鸡精翻炒均匀，起锅装盘即成。

霉干菜烧茄子

用料 茄子、霉干菜、尖椒、酱油、鸡精、植物油

做法 ①茄子洗净，切条，放入热油锅炸至变软，捞出控油；霉干菜用水泡发洗净，挤干水分；尖椒洗净，切丝。②锅置火上，倒油烧热，放入霉干菜、尖椒丝翻炒至霉干菜变软，倒入茄子条，淋上酱油焖至入味，加入鸡精炒匀，出锅即成。

干炒藕丝

用料 莲藕、干辣椒、葱段、精盐、鸡精、植物油

做法 ①莲藕洗净，切丝，用清水冲净淀粉，捞出沥干；干辣椒洗净，切段。②锅置火上，倒油烧热，放入干辣椒段爆香，倒入藕丝用大火煸炒片刻，放入葱段翻炒均匀，加入精盐、鸡精炒匀，出锅装盘即成。

·**美味面面观**·

外焦里嫩、鲜香可口。

煳辣藕片

用料 莲藕、干辣椒、花椒、精盐、酱油、鸡精、白糖、醋、植物油

做法 ①莲藕去皮，洗净，切片，放入沸水锅焯烫片刻，捞出沥水；白糖、醋、酱油、鸡精同放小碗中调匀成味汁。②锅置火上，倒油烧热，放入干辣椒爆香，加入花椒、精盐、藕片翻炒片刻，倒入味汁炒匀，出锅装盘即成。

酸辣炒韭菜

用料 韭菜、鸡蛋、红椒、精盐、醋、辣椒粉、花椒粉、水淀粉、植物油

做法 ①韭菜择净，洗净，切段；红椒洗净，去蒂、去子，切丁；鸡蛋磕入碗中打散；水淀粉、花椒粉、醋、精盐同入碗中调匀成味汁。②锅置火上，倒油烧热，倒入鸡蛋液炒熟成蛋块，盛出。③原锅倒油烧至五成热，放入辣椒粉炒出香辣味，放入韭菜迅速翻炒片刻，加入红椒，倒入味汁炒匀，关火，加入鸡蛋块，拌炒均匀即成。

如意节节高

用料 青尖椒、红尖椒、新鲜竹笋尖、辣酱、白糖、生抽、鸡精、植物油

做法 ①新鲜竹笋尖去壳洗净，切片；青尖椒、红尖椒均洗净，切片。②锅置火上，倒油烧热，放入笋片翻炒至略呈金黄色，放入青尖椒、红尖椒快速炒匀，加入生抽、白糖、辣酱、鸡精翻炒片刻，淋入少许水，翻炒2分钟即成。

干烧冬笋

用料 冬笋、水发冬菇、胡萝卜、青豆、豆瓣、料酒、精盐、白糖、植物油

做法 ①冬笋洗净，切条；水发冬菇洗净，切丁；胡萝卜去皮洗净，切丁；豆瓣剁碎，冬笋、冬菇、胡萝卜、青豆均放入沸水锅焯烫片刻，捞出沥水。②锅中倒油烧热，放入豆瓣炒出红油，加入料酒、精盐、白糖和适量水烧沸，放入冬笋条、冬菇丁、胡萝卜丁、青豆，大火烧沸，转小火煨至汤汁收干，起锅装盘即成。

翡翠豆腐

用料 豆腐、莴笋、姜末、辣椒酱、精盐、鸡精、植物油

做法 ①豆腐洗净，切块，放入热油锅煎成金黄色，盛出；莴笋去皮，洗净，头部切块，叶子切段。②锅中倒油烧热，放入辣椒酱、姜末爆香，加入莴笋块翻炒片刻，放入豆腐、精盐、鸡精炒匀，加入莴笋叶翻炒几下，出锅即成。

炒素什锦

用料 香菇、黄瓜、番茄、胡萝卜、西蓝花、玉米笋、去皮荸荠、精盐、鸡精、水淀粉、鸡汤、植物油

做法 ①香菇洗净，切成梅花瓣；黄瓜、胡萝卜均洗净，切花刀片；番茄洗净，去皮，切月牙瓣；西蓝花洗净，掰成小朵；玉米笋冲洗干净，切段；去皮荸荠冲洗干净，削成球状。②上述原料均入沸水锅焯烫片刻，捞出沥水。③锅中倒油烧热，投入全部原料，加入鸡汤、精盐、鸡精翻炒至熟，用水淀粉勾芡，出锅即成。

麻辣冻豆腐

用料 冻豆腐、猪后臀肉、榨菜末、葱花、干辣椒、豆瓣、豆豉、精盐、酱油、花椒粉、水淀粉、植物油

做法 ①冻豆腐洗净，切块，放入沸水锅焯烫片刻，捞起沥干；猪后臀肉洗净，切丁；豆豉剁细；干红椒洗净，切丝。②锅置火上，倒油烧至五成热，放入肉丁炒干水汽，加入葱花、豆瓣、豆豉炒香，放入干辣椒丝、精盐、酱油、适量水，放入冻豆腐，大火烧3分钟，用水淀粉勾芡，起锅装碟，撒上榨菜末、花椒粉即成。

韭菜辣炒五香干

用料 香干、韭菜、朝天椒、蒜片、豆豉、生抽、白糖、辣椒粉、植物油

做法 ①韭菜洗净，切段；香干放入沸水锅焯烫片刻，捞出沥水，切段；朝天椒洗净，去蒂，斜切成片。②锅置火上，倒油烧至五成热，放入香干煎至变色，捞出沥油。③锅留底油烧热，放入豆豉、辣椒粉、蒜片、朝天椒片炒香，倒入香干，放入生抽、白糖搅拌均匀，倒入韭菜，关火，翻炒片刻，装盘即成。

辣味炒蛋

用料 鸡蛋、鸭蛋、红椒、青椒、葱姜蒜末、精盐、鸡精、植物油

做法 ①青椒、红椒均洗净,切碎;鸡蛋、鸭蛋磕入碗中,分开蛋清和蛋黄,搅匀。②锅置火上,倒油烧热,分别放入蛋清、蛋黄炒熟,盛出。③锅置火上,倒油烧热,放入葱姜蒜末爆香,加入青椒、红椒、精盐、鸡精翻炒片刻,放入鸡蛋炒匀,出锅即成。

辣炒皮蛋丁

用料 皮蛋、青椒、豆干、葱蒜末、辣豆豉酱、精盐、生抽、白糖、料酒、植物油

做法 ①皮蛋切丁;青椒洗净,切丁;豆干放入沸水锅焯烫片刻,捞出沥水,切丁。②锅置火上,倒油烧热,放入葱蒜末炒香,加入皮蛋丁炒至微焦,烹入少许料酒,加入豆干、青椒炒熟,放入辣豆豉酱、生抽、精盐、白糖炒匀即成。

香辣大盘菜花

用料 菜花、带皮五花肉、干辣椒、蒜瓣、孜然、精盐、酱油、鸡精、淀粉、清汤、植物油

做法 ①菜花洗净,掰成小朵;带皮五花肉洗净,切片,加入精盐、酱油、淀粉抓匀,腌渍10分钟;干辣椒洗净,切段;蒜瓣拍扁。②锅置火上,倒油烧热,放入五花肉片滑散,盛出。③锅留底油烧热,放入蒜瓣、干辣椒段煸香,加入菜花翻炒片刻,放入精盐调味,加入五花肉片,倒入少许清汤煨至汤汁收干,加入酱油,调入孜然、鸡精,拌匀出锅即成。

肉馅虎皮尖椒

用料 尖椒、肉馅、熟芝麻、精盐、鸡精、酱油、醋、白糖、料酒、植物油

做法 ①在肉馅中加入精盐、鸡精和适量水，顺一个方向搅打上劲；酱油、醋、白糖、料酒同入碗中，兑成味汁。②尖椒洗净，去蒂、去子，将拌好的肉馅填入尖椒中。锅置火上，倒油烧热，放入尖椒，小火煎至表皮出现斑点时，烹入味汁炒匀，盖上锅盖大火烧1分钟，出锅切段，撒上熟芝麻即成。

· **饮食一点通** ·
　皮酥肉嫩，鲜香可口，补铁补血。

白菜梗炒肉丝

用料 白菜、猪瘦肉、红椒、精盐、白醋、水淀粉、植物油

做法 ①白菜去叶留梗，洗净，切丝，加入白醋、精盐、水淀粉抓匀，腌渍10分钟；猪瘦肉洗净，切丝；红椒洗净，切丝。②锅中倒油烧热，放入肉丝，加入精盐、水淀粉炒匀，加入白菜梗丝、红椒丝、精盐翻炒片刻，出锅即成。

· **美味面面观** ·
　脆嫩鲜香，微酸。

豆豉炒豇豆

用料 豇豆、肉馅、红椒、葱姜末、豆豉、精盐、酱油、鸡精、白糖、料酒、水淀粉、香油、植物油

做法 ①豇豆洗净，切碎；红椒洗净，切碎；肉馅加入料酒拌匀。②锅置火上，倒油烧热，放入葱姜末、豆豉炒香，加入肉馅炒熟，加入豇豆碎、红椒碎、鸡精、料酒、精盐、酱油、白糖翻炒均匀，用水淀粉勾芡，淋上香油即成。

· **饮食一点通** ·
　香辣开胃，润肠通便。

肉炒藕片

用料 鲜藕、猪肉、尖椒、姜末、干辣椒、精盐、鸡精、醋、香油、植物油

做法 ①鲜藕切去两头，去皮洗净，切片，放入沸水锅中焯熟，捞出沥水；猪肉洗净，切片；尖椒洗净，切片；干辣椒洗净，去蒂、去子，切末。②锅置火上，倒油烧热，放入肉片煸香，加入姜末、干辣椒末炒匀，加入藕片、尖椒片翻炒片刻，加入精盐、醋、鸡精炒匀，淋入香油即成。

·主厨小窍门·
莲藕片焯水后可去除淀粉，使之入口更为爽脆。

猪肉炖宽粉

用料 五花肉、酸菜、红薯粉、干辣椒段、葱花、姜片、精盐、高汤、植物油

做法 ①五花肉洗净，切片；酸菜切段，清水浸泡20分钟，捞出挤干水分；红薯粉用温水泡软，切段。②锅置火上，倒油烧热，放入葱花、姜片、干辣椒段爆香，加入五花肉片炒至出油，放入酸菜炒匀，加入高汤，大火烧沸，放入红薯粉，转中火炖熟，加精盐调味，起锅装盘即成。

小炒茄子

用料 茄子、猪肉、辣椒、剁椒、蒜蓉、精盐、酱油、鸡精、白糖、老醋、十三香粉、水淀粉、植物油

做法 ①茄子洗净，去蒂，切片；猪肉洗净，切片；剁椒切碎；辣椒洗净，切丁。②锅置火上，倒油烧热，放入猪肉片煸炒至发白，放入剁椒、蒜蓉煸香，加入茄子翻炒片刻，加入酱油、精盐、鸡精、白糖、老醋、十三香粉炒匀，淋入少许水，小火焖5分钟，加入辣椒炒匀，用水淀粉勾芡即成。

香辣脆笋

用料 脆笋、猪肉、红尖椒、蒜蓉、精盐、白糖、香油、辣椒油、植物油

做法 ①脆笋洗净，切丝，放入沸水锅焯烫片刻，捞出沥水；猪肉洗净，切片；红尖椒洗净，切末。②锅中倒油烧热，放入蒜蓉、红尖椒末炒香，加入猪肉片炒匀，放入脆笋丝、精盐、白糖翻炒至熟，加入香油、辣椒油炒匀即成。

剁椒炒金针菇

用料 剁椒、金针菇、猪肉、葱花、精盐、红油、植物油

做法 ①金针菇切掉尾部，洗净；猪肉洗净，切丝。②锅置火上，倒油烧热，放入肉丝炒至变色，加入剁椒、金针菇，大火炒至金针菇熟，加精盐调味，起锅装盘，淋上红油，撒上葱花即成。

辣味鸡腿菇

用料 鸡腿菇、腊肠、甜豆、朝天椒、葱姜末、精盐、鸡精、料酒、胡椒粉、高汤、水淀粉、红油、植物油

做法 ①鸡腿菇洗净，切片，放入沸水锅焯烫片刻，捞出沥水；腊肠切片；甜豆去筋，洗净；朝天椒洗净，切段。②锅中倒油烧热，放入朝天椒段、葱姜末炒香，烹入料酒，投入腊肠、甜豆、精盐、鸡精、胡椒粉翻炒片刻，加入鸡腿菇、高汤烧至入味，用水淀粉勾芡，淋入红油即成。

川军回锅肉

用料 五花肉、水发木耳、油菜心、干辣椒、葱花、精盐、鸡精、酱油、白糖、白醋、料酒、辣椒酱、植物油

做法 ①五花肉切片，放入五成热油锅中滑散，捞出沥油；干辣椒洗净，切段；油菜心洗净，切段；水发木耳洗净，撕成小朵。②锅置火上，倒油烧热，放入葱片爆香，烹入料酒，加入肉片、干辣椒段、水发木耳、油菜心翻炒均匀，加入辣椒酱、精盐、鸡精、酱油、白糖、白醋炒至入味即成。

农家小炒肉

用料 五花肉、尖椒、剁椒酱、蒜片、姜丝、精盐、酱油、鸡精、料酒、醋、豆豉、植物油

做法 ①五花肉洗净，切片；尖椒洗净，切片。②锅置火上，倒油烧热，放入姜丝、蒜片爆香，倒入五花肉片，加入精盐煸炒至九成熟，放入尖椒片翻炒均匀，加入剁椒酱炒匀，调入醋、酱油、料酒、豆豉，继续翻炒片刻，加鸡精调味炒匀，出锅即成。

红椒酿肉

用料 红尖椒、猪肉、水发香菇、鸡蛋、虾米、蒜瓣、精盐、酱油、鸡精、水淀粉、植物油

做法 ①猪肉洗净，剁成肉泥；虾米切碎；水发香菇洗净，切丁；肉泥、碎虾米、香菇丁、鸡蛋、精盐、酱油、水淀粉同入碗中调匀，制成肉馅。②红尖椒切去蒂，去子，从切口处灌入肉馅，用水淀粉封口。③炒锅置旺火上，倒油烧至八成热，放入红尖椒炸至八成熟，捞出沥油，封口朝底放入瓦钵中，撒上蒜瓣，上笼蒸熟，拣出红尖椒，摆盘中。④锅留底油烧至七成热，倒入蒸红尖椒原汁烧开，放入鸡精、酱油，用水淀粉勾芡，淋在红尖椒上即成。

竹篱飘香肉

用料 带皮五花肉、干辣椒、鸡蛋黄、面包糠、葱花、精盐、鸡精、米酒、淀粉、香油、植物油

做法 ①带皮五花肉洗净，放入沸水锅煮至断生，捞出沥水，切片，加入精盐、鸡精、鸡蛋黄、米酒、淀粉拌匀，裹匀面包糠；干辣椒洗净，切段。②锅置旺火上，倒油烧至六成热，放入五花肉炸至呈金黄色，捞出沥油。②锅留底油烧至五成热，放入干辣椒段煸香，加入五花肉片、精盐、鸡精炒匀，淋入香油，撒上葱花，装入竹篱内即成。

南瓜粉蒸肉

用料 五花肉、小南瓜、姜片、酱油、料酒、糯米粉、黄米粉、五香粉、淀粉、植物油

做法 ①五花肉洗净，切片，加入姜片、酱油、料酒腌渍1小时；小南瓜切开，取一半，洗净，去瓤。②糯米粉、黄米粉、五香粉，按照1：1：0.5的比例混合，加入少许淀粉，入锅小火炒香，盛出。③将小南瓜放入蒸笼中，里面放入裹匀米粉的五花肉片，蒸40分钟即成。

海带结炖排骨

用料 排骨、干海带、萝卜、精盐、酱油

做法 ①排骨洗净，切段，放入冷水锅中，大火烧沸，汆烫5分钟，捞出沥水；干海带洗净，清水泡软，剪成长段，打成结；萝卜洗净，切块。②锅中倒入适量水，放入排骨，大火烧沸，撇去浮沫，转小火煮90分钟，加入海带结，煮40分钟，加入萝卜块、精盐和酱油，小火炖熟即成。

腊肉炒水芹

用料 芹菜、腊肉、剁椒、精盐、鸡精、植物油

做法 ①芹菜去叶，洗净，切段；腊肉切片。②锅置火上，倒油烧至五成热，放入腊肉炒至吐油，捞出沥油。③锅留底油烧热，放入剁椒炒香，加入芹菜段翻炒片刻，倒入腊肉炒匀，调入精盐、鸡精翻炒均匀，出锅装盘即成。

·饮食一点通·

　色泽艳亮，味美适口，降低血压。

干蒸腊双味

用料 腊肉、葱花、姜末、干辣椒、香辣酱、植物油

做法 ①腊肉洗净，切片，摆盘中；干辣椒洗净，切段。②锅置火上，倒油烧热，放入干辣椒、姜末、香辣酱煸香，倒在腊肉上，整盘放入蒸笼蒸8分钟，出蒸笼撒葱花即成。

·饮食一点通·

　香辣筋道，美容润肤。

香辣猪皮

用料 猪皮、蒜片、青椒、酸萝卜、干辣椒、精盐、白糖、料酒、卤水、香油、植物油

做法 ①猪皮除净毛，刮洗干净，放入沸水锅煮软，捞出冲净，放入卤水锅卤熟，捞出凉凉，切条；青椒洗净，切片。②锅中倒油烧热，放入蒜片、干辣椒爆香，加入猪皮、青椒片炒匀，加入酸萝卜翻炒片刻，加入精盐、白糖、料酒调味，淋入香油，出锅装盘即成。

辣油耳丝

用料 卤猪耳、青椒、红椒、葱花、酱油、白糖、鸡精、辣椒油、香油、植物油

做法 ①卤猪耳切丝；青椒、红椒均洗净、去蒂、去子、切丝。②锅置火上，倒油烧热，放入葱花、青椒丝、红椒丝炒香，加入猪耳丝、酱油、白糖、鸡精炒匀，淋入辣椒油、香油，出锅即成。

香辣椒盐猪蹄

用料 猪蹄、葱段、姜片、姜蒜末、精盐、生抽、料酒、椒盐、辣椒粉、花椒粉、八角茴香、植物油

做法 ①猪蹄洗净，剁成小块，放入锅中，倒入适量水，加入生抽、精盐、八角茴香、葱段、姜片煮熟，捞出沥水。②锅置火上，倒油烧热，放入猪蹄炸至猪蹄表面变得稍微焦脆，捞出沥油。③锅留底油烧热，放入姜蒜末、辣椒粉、花椒粉炒香，加入猪蹄翻炒均匀，烹入料酒炒匀，撒入椒盐，让猪蹄表面裹匀椒盐即成。

四川炒猪肝

用料 猪肝、洋葱、蒜蓉、精盐、料酒、辣椒酱、植物油

做法 ①猪肝洗净，切片，放入沸水锅余烫片刻，捞出沥水，加精盐、料酒拌匀；洋葱洗净，切丝。②锅置火上，倒油烧热，放入洋葱丝、蒜蓉炒香，加入猪肝煸炒至变色，加入辣椒酱翻炒均匀，起锅装盘即成。

> ·主厨小窍门·
>
> 喜欢吃嫩滑的猪肝，炒制时间宜短；喜欢吃香脆的猪肝，炒制时间宜长。

小炒肝尖

用料 猪肝、青椒、红椒、蒜片、姜末、精盐、鸡精、生抽、淀粉、植物油

做法 ①猪肝洗净，切片，加入精盐、生抽、淀粉拌匀腌渍20分钟；青椒、红椒均洗净，去蒂、去子，切条。②锅置火上，倒油烧热，放入蒜片、姜末爆香，加入猪肝翻炒至熟，加入青椒条、红椒条，翻炒均匀，加精盐、鸡精炒匀，出锅即成。

·主厨小窍门·
猪肝在炒的过程中，要彻底变成灰褐色，看不到血丝才可食用。

熘炒肝尖

用料 猪肝、水发木耳、红椒、洋葱、葱花、姜末、精盐、酱油、鸡精、料酒、白糖、水淀粉、植物油

做法 ①猪肝用水冲洗30分钟，切片；水发木耳洗净，撕成小朵；红椒洗净，切片；洋葱洗净，切片；料酒、酱油、白糖、鸡精、精盐、淀粉同入碗中，调匀成味汁。②锅置火上，倒油烧至八成热，放入猪肝片滑散，捞出控油。③锅留底油烧热，放入葱花、姜末炒香，加入木耳、红椒片、洋葱片翻炒均匀，倒入猪肝片，烹入味汁炒匀，出锅装盘即成。

湘西风味炒猪肝

用料 猪肝、五花肉、红尖椒、葱段、精盐、酱油、辣椒酱、红油、植物油

做法 ①猪肝冲洗干净，切片；五花肉洗净，切片；红尖椒洗净，切圈。②锅置火上，倒油烧热，放入五花肉、红尖椒圈煸香，加入精盐、酱油、辣椒酱、葱段、猪肝片迅速翻炒至熟，淋上红油，出锅即成。

·美味面面观·
软、嫩、鲜、辣，风味独特。

豆豉辣酱炒腰花

用料 猪腰、朝天椒、泡椒、葱段、姜蒜片、香辣酱、精盐、鸡精、水淀粉、植物油

做法 ①猪腰切开，去掉腰臊，冲洗干净，沥水，在表面剞十字花刀，切块，加入精盐、姜蒜片、葱段、水淀粉拌匀，腌渍10分钟；朝天椒洗净，切圈；泡椒切段。②锅置火上，倒油烧至七成热，放入腰花滑熟，捞出沥油。③锅留底油烧热，放入姜蒜片、葱段炒香，加入香辣酱、朝天椒、泡椒炒匀，放入腰花，调入精盐、鸡精，炒匀出锅即成。

酸辣脆肚

用料 猪肚、香菇、冬笋、红椒、榨菜、精盐、鸡精、料酒、白醋、辣椒油、植物油

做法 ①猪肚洗净，切条，放入沸水锅余烫至八成熟，捞出沥干，放入热油锅余油，捞出沥油；香菇、冬笋均洗净，切条；红椒洗净，切圈。②锅置火上，倒油烧热，放入香菇、冬笋、红椒、榨菜炒香，倒入肚条，加入精盐、鸡精、料酒、白醋和适量水稍煨片刻，加入辣椒油炒匀，出锅装盘即成。

泡萝卜炒肚尖

用料 猪肚尖、泡萝卜、泡野山椒、泡红椒、泡姜、葱花、姜片、精盐、鸡精、生抽、米酒、水淀粉、香油、植物油

做法 ①猪肚尖清洗干净，切条，加入葱花、姜片、米酒、生抽、精盐拌匀腌制入味；泡萝卜、泡野山椒、泡红椒、泡姜均切条。②锅置火上，倒油烧至八成热，放入猪肚尖滑油片刻，盛出。③锅留底油烧热，放入泡萝卜条、泡野山椒条、泡红椒条、泡姜条翻炒片刻，加入猪肚尖条、鸡精、精盐、生抽翻炒均匀，撒上葱花，用水淀粉勾芡，淋上香油即成。

烹炒凤尾腰花

用料 猪腰、水发香菇、水发玉兰片、红椒、葱段、精盐、鸡精、酱油、料酒、胡椒粉、水淀粉、高汤、植物油

做法 ①猪腰洗净，切成两半，去除腰臊，剞十字花刀，切块，加精盐、料酒拌匀腌渍15分钟；水发香菇、水发玉兰片、红椒均洗净，切片；精盐、鸡精、酱油、胡椒粉、水淀粉、高汤同入碗中，调匀成味汁。②锅中倒油烧热，放入香菇片、玉兰片、红椒片翻炒片刻，放入腰花炒熟，烹入味汁，加葱段炒匀，出锅装盘即成。

香辣肥肠

用料 肥肠、美人椒、干辣椒、八角茴香、桂皮、姜块、葱段、精盐、鸡精、料酒、淀粉、植物油

做法 ①肥肠治净，装大碗中，加入精盐、鸡精、干辣椒、八角茴香、桂皮、料酒、姜块、葱段、淀粉抓匀上浆，上蒸笼旺火蒸1小时，取出凉凉，拣出肥肠切段；美人椒洗净，切圈。②锅置火上，倒油烧至五成热，放入肥肠煎至呈金黄色，捞出沥油。③锅留底油烧热，放入美人椒炒香，加入肥肠翻炒均匀，加入精盐调味即成。

麻花肥肠

用料 麻花、肥肠、干辣椒段、葱段、姜片、精盐、料酒、花椒、植物油

做法 ①肥肠处理干净，切段，放入沸水锅中，加入料酒、葱段、姜片氽烫片刻，捞出沥干。②锅置火上，倒油烧热，放入肥肠略炸片刻，捞出沥油。③锅留底油烧热，放入干辣椒段、花椒煸香，加入麻花、肥肠段翻炒至肥肠熟，加精盐调味即成。

辣子肥肠

用料 肥肠、泡椒、葱段、姜蒜片、精盐、酱油、料酒、白糖、花椒、水淀粉、植物油

做法 ①肥肠洗净，放入沸水锅中，加入葱段、花椒、料酒，煮至肥肠八成熟，捞出沥干，切段；泡椒切段。②锅置火上，倒油烧至六成热，放入姜蒜片炒香，加入肥肠段煸干水分，盛出。③另锅倒油烧热，放入泡椒段、花椒炒香，倒入肥肠，加入料酒、酱油、白糖、精盐，翻炒至入味，用水淀粉勾芡即成。

牛肉扣芦笋

用料 牛里脊肉、芦笋、姜丝、精盐、酱油、鸡精、蚝油、辣椒粉、水淀粉、植物油

做法 ①芦笋削去根部，洗净，切段，放入沸水锅焯烫至熟，捞出沥水，摆盘中；牛里脊肉洗净，切丝，加入姜丝、精盐、酱油、蚝油、辣椒粉、鸡精、水淀粉拌匀，腌渍10分钟。②锅置火上，倒油烧热，放入牛里脊肉丝滑熟，倒在芦笋上即成。

小炒黄牛肉

用料 牛肉、朝天椒、芹菜、鸡蛋清、精盐、酱油、鸡精、蒜蓉、香油、水淀粉、植物油

做法 ①牛肉洗净，切片，用刀背拍松，加入酱油、精盐、鸡精、鸡蛋清、水淀粉拌匀，腌渍20分钟；朝天椒、芹菜均洗净，切丁。②锅置火上，倒油烧热，放入牛肉炒至八成熟，盛出。③锅留底油烧热，放入蒜蓉、朝天椒、芹菜炒香，倒入少许水，放入牛肉，加入精盐、鸡精翻炒均匀，淋香油，出锅装盘即成。

湘辣牛筋

用料 牛蹄筋、红椒、辣椒酱、葱段、蒜蓉、番茄酱、精盐、白糖、鸡精、料酒、水淀粉、香油、植物油

做法 ①牛蹄筋洗净，放入沸水锅氽烫片刻，捞出沥水，切块；红椒洗净，切段。②锅置火上，倒油烧热，放入葱段、红椒段、蒜蓉爆香，加入牛蹄筋、辣椒酱、鸡精、白糖、料酒、番茄酱、精盐和适量水，小火焖煮40分钟，弃去葱段、红椒段不用，用水淀粉勾芡，淋入香油，炒匀即成。

茶树菇炒牛肚

用料 牛肚、茶树菇、青椒、红椒、葱段、辣椒酱、精盐、料酒、香油、植物油

做法 ①牛肚洗净，切丝；青椒、红椒均洗净，切丝。②锅置火上，倒油烧至五成热，放入牛肚煸炒片刻，烹入料酒炒香，盛出。③锅留底油烧热，放入辣椒酱煸香，加入茶树菇、青椒丝、红椒丝翻炒均匀，加入精盐调味，放入牛肚炒匀，淋入香油，撒上葱段即成。

白辣椒炒脆牛肚

用料 牛肚尖、白辣椒、红椒、葱花、精盐、酱油、鸡精、料酒、蚝油、植物油

做法 ①牛肚尖洗净，切丝，加入精盐、鸡精、料酒拌匀腌渍10分钟；白辣椒洗净，切条；红椒洗净，切圈。②锅置火上，倒油烧至七成热，放入白辣椒炒香，加入牛肚尖炒熟，调入精盐、鸡精、蚝油、酱油翻炒均匀，撒上葱花、红椒圈，出锅装盘即成。

·饮食一点通·

　　质地香脆，佐餐下饭，健脾开胃。

杭椒炒羊肉丝

用料 羊肉、杭椒、芹菜、泡姜丝、香菜段、豆瓣酱、精盐、水淀粉、植物油

做法 ①羊肉洗净，切丝，加入水淀粉腌渍片刻；杭椒洗净，切丝；芹菜洗净，切段。②锅置火上，倒油烧至八成热，放入羊肉丝滑炒片刻，盛出沥油。③锅留底油烧热，放入杭椒丝、泡姜丝、芹菜段、香菜段，加入豆瓣酱、羊肉丝，加精盐调味，炒匀即成。

> **·主厨小窍门·**
> 羊肉中有很多膜，切丝之前应先将其剔除。

辣爆羊肚

用料 羊肚、牛奶、虾油、干辣椒、蒜蓉、精盐、鸡精、料酒、水淀粉、香油

做法 ①羊肚处理干净，在一面剞花刀，切段；精盐、鸡精、蒜蓉、牛奶、料酒、水淀粉同放入碗中，兑成味汁；干辣椒洗净，切丝。②锅置火上，倒香油烧至五六成热，放入羊肚滑散至羊肚卷花，捞出控油。③锅留底油烧热，放入干辣椒丝炒香，倒入羊肚，加入味汁翻炒均匀，装盘，上桌时带虾油一小碟佐食即成。

三湘啤酒兔丁

用料 兔肉、姜蒜末、啤酒、干辣椒、精盐、鸡精、料酒、白胡椒粉、植物油

做法 ①兔肉洗净，切丁，放入沸水锅余去血水，捞出沥水；干辣椒洗净，切段。②锅置火上，倒油烧热，放入姜蒜末、干辣椒段爆香，加入兔肉丁煸炒至变色，加入精盐、鸡精、料酒、白胡椒粉、啤酒焖至入味，装盘即成。

海椒鸡球

用料 净子鸡肉、干辣椒、葱段、姜片、精盐、鸡精、酱油、料酒、胡椒粉、辣椒粉、水淀粉、植物油

做法 ①净子鸡肉切丁，加料酒、酱油拌匀，放入热油锅炸至变色，捞出沥油；干辣椒洗净，切段。②锅置火上，倒油烧热，放入干辣椒、葱段、姜片、辣椒粉炒匀，放入鸡丁，烹入少许水，加精盐、酱油、鸡精、胡椒粉大火烧4分钟，用水淀粉勾芡，出锅装盘即成。

双椒滑炒鸡肉

用料 鸡胸脯肉、尖椒、鸡蛋清、干辣椒、精盐、鸡精、料酒、淀粉、香油、植物油

做法 ①鸡胸脯肉洗净，切片，加入精盐、鸡精、鸡蛋清、淀粉抓匀，腌渍10分钟；尖椒洗净，切块；干辣椒洗净，切段。②锅置火上，倒油烧至五成热，放入鸡片浸炸至呈金黄色，捞出沥油。③锅留底油烧至四成热，放入干辣椒、尖椒煸香，加入鸡片翻炒1分钟，调入精盐、鸡精、料酒、香油翻炒均匀，起锅装盘即成。

剁椒炒鸡丁

用料 鸡胸脯肉、青椒、香菜末、葱姜蒜末、剁椒、精盐、鸡精、植物油

做法 ①鸡胸脯肉洗净，切丁；青椒去蒂、去子，洗净，切丁。②锅中倒油烧热，放入鸡丁炒香，加入葱姜蒜末炒匀，加入剁椒、青椒丁翻炒片刻，放入少许水焖至汤汁将干，放入精盐、鸡精、香菜末炒匀即成。

麻辣鸡豆腐

用料 豆腐、鸡胸脯肉、青椒、红椒、葱花、蒜蓉、豆瓣酱、老抽、鸡精、花椒粉、水淀粉、鲜汤、植物油

做法 ①豆腐洗净，切块，放入沸水中焯烫片刻，捞出沥水；鸡胸脯肉洗净，切丁，加入老抽、水淀粉抓匀上浆，腌渍5分钟；青椒、红椒均洗净，切丁。②锅中倒油烧热，放入鸡丁滑油至熟，捞出沥油。③锅留底油烧热，放入豆瓣酱炒至出红油，放入蒜蓉、青椒丁、红椒丁、豆腐块、鸡丁，加入少许鲜汤，调入老抽、鸡精，用水淀粉勾芡，撒上花椒粉、葱花，出锅即成。

鱼香鸡肝

用料 鸡肝、冬笋片、水发木耳、干辣椒、葱姜蒜蓉、豆瓣、精盐、鸡精、植物油

做法 ①鸡肝洗净，切块，放入沸水锅余烫片刻，捞出洗净；冬笋片洗净；水发木耳洗净，撕成小朵。②锅置火上，倒油烧热，放入豆瓣、干辣椒略炒，放入葱姜蒜蓉爆香，放入鸡肝、冬笋片、水发木耳，煸炒至七成熟，加精盐炒至熟，调入鸡精，炒匀出锅即成。

麻辣煸鸡胗

用料 鸡胗、香菜段、干辣椒、花椒、八角茴香、生抽、精盐、植物油

做法 ①鸡胗洗净，放入冷水锅中，加入八角茴香，大火煮开，小火炖60分钟，捞出凉凉，切片；干辣椒洗净，切段。②锅中倒油烧热，放入干辣椒、花椒炒香，放入鸡胗，调入生抽、精盐、香菜段，炒匀即成。

> **·饮食一点通·**
>
> 鸡胗中药名称鸡内金，性平味甘，具有健胃消食、化积排石、固摄缩尿等作用。

麻辣鸭

用料　水鸭、尖椒、姜片、蒜片、豆瓣、精盐、鸡精、料酒、花椒粉、蚝油、植物油

做法　①水鸭治净，切块；尖椒洗净，切圈。②锅置火上，倒油烧热，放入鸭块炒干水分，淋入料酒翻炒均匀，盛出。③锅留底油烧热，放入姜片炒香，加入豆瓣炒匀，放入鸭块翻炒至入味，加入蒜片、尖椒圈，调入精盐，淋入蚝油，撒上花椒粉、鸡精拌炒均匀即成。

· 饮食一点通 ·
麻辣鲜香。

辣子鱼块

用料　鱼肉、泡椒、葱花、姜蒜片、精盐、鸡精、酱油、醋、白糖、料酒、高汤、植物油

做法　①鱼肉洗净，切块，加入料酒、精盐拌匀腌渍1小时；泡椒切碎。②锅置火上，倒油烧热，放入泡椒炒红，加入葱花、姜蒜片炒香，烹入料酒，加入酱油、精盐、白糖，倒入鱼块和高汤，大火翻炒至汤汁收干，加入醋、鸡精调味，起锅装盘即成。

尖椒炒鲫鱼

用料　鲫鱼、熟芝麻、尖椒、干辣椒、葱花、姜蒜片、精盐、鸡精、料酒、花椒、植物油

做法　①鲫鱼宰杀治净，切块，放入热油锅中炸至酥脆，捞出控油；尖椒洗净，切圈；干辣椒洗净，切丝。②锅置火上，倒油烧热，放入干辣椒、尖椒、姜蒜片、花椒炒香，放入鱼块翻炒片刻，加入料酒、精盐、鸡精炒匀，撒入葱花、熟芝麻即成。

· 饮食一点通 ·
口感鲜嫩，补钙壮骨。

麻辣鱼条

用料 草鱼肉、熟芝麻、葱段、姜片、精盐、鸡精、料酒、酱油、醋、白糖、花椒油、香油、辣椒油、植物油

做法 ①草鱼肉洗净，切条，放碗中，加精盐、料酒、姜片、葱段拌匀腌渍15分钟。②锅置旺火上，倒油烧热，放入鱼条炸至金黄色，捞出沥油，再入锅复炸一次，捞出凉凉。③鱼条放入碗中，加精盐、鸡精、白糖、醋、酱油、辣椒油、花椒油、香油、熟芝麻拌匀，装盘即成。

宫保鱼丁

用料 草鱼、花生米、鸡蛋液、面包屑、干辣椒、葱花、精盐、鸡精、植物油

做法 ①草鱼宰杀治净，去骨刺取肉，切丁，加鸡蛋液拌匀，拍上面包屑，放入热油锅略炸片刻，捞出沥油。②锅留底油烧热，放入干辣椒炒香，加入鱼丁、精盐、鸡精烧至入味，加入花生米、葱花炒匀即成。

椒香鱼

用料 鲤鱼、红尖椒、葱花、姜丝、精盐、鸡精、胡椒粉、水淀粉、植物油

做法 ①鲤鱼宰杀治净，沥干，切块；红尖椒洗净，去蒂、去子，切丝。②锅置火上，倒油烧热，放入鱼块翻炒片刻，加入红尖椒丝、姜丝、葱花、精盐炒匀，倒入适量水焖烧至汤汁收干，加入鸡精调味，用水淀粉勾芡，撒上胡椒粉即成。

· 主厨小窍门 ·
也可将鲤鱼换成草鱼、鲢鱼等其他鱼类。

小炒河虾

用料 河虾、尖椒、蒜叶、姜末、精盐、醋、辣椒油、植物油

做法 ①河虾洗净，剪去须；尖椒洗净，切圈；蒜叶洗净，切片。②锅置火上，倒油烧热，放入河虾炸焦，捞出沥油。③锅留底油烧热，放入姜末、尖椒炒香，放入河虾、精盐、醋翻炒均匀，淋上辣椒油，撒上蒜叶，起锅装盘即成。

・主厨小窍门・
炸虾的温度应控制在六成热以内，这样虾能外焦内嫩。

香辣田螺

用料 田螺、干辣椒、葱姜蒜末、郫县豆瓣、精盐、鸡精、酱油、白糖、料酒、花椒、辣椒油、植物油

做法 ①田螺洗净；干辣椒洗净，切段。②锅置火上，倒油烧热，放入郫县豆瓣炒香，加入干辣椒、花椒、葱姜蒜末炒香，加入适量水、精盐、田螺、酱油、料酒、白糖、鸡精，烧至汤汁收干，加入辣椒油炒匀，装盘即成。

香辣螺花

用料 净海螺肉、尖椒、朝天椒、熟芝麻、精盐、鸡精、料酒、水淀粉、香油、植物油

做法 ①净海螺肉切花刀，改刀切块；尖椒洗净，切块；朝天椒洗净，切圈。②锅置火上，倒油烧至七成热，放入海螺肉滑油片刻，捞出沥油。③锅留底油烧至六成热，放入尖椒块、朝天椒圈炒香，放入海螺肉，烹入料酒，加入精盐、鸡精调味，用水淀粉勾芡，撒上熟芝麻，淋香油出锅即成。

・饮食一点通・
软坚化痰，止痛止痉。

美食生活 BOLER 博尔乐

中国人口出版社携手北京博尔乐文化发展有限公司
为您打造厨事精品

1088系列

川湘美食汇系列

小菜谱系列

回归厨房——为最爱的家人烹制健康！